어떤 문제도 해결하는
사고력 수학 문제집

박학다식
문해력
수학

초등 2년

1단계

KB186043

ViaEducation

사고력+문해력 융합
수학 학습 프로그램

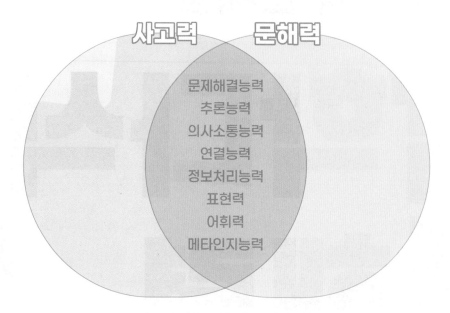

사고력　　문해력

문제해결능력
추론능력
의사소통능력
연결능력
정보처리능력
표현력
어휘력
메타인지능력

발행처 비아에듀 | 지은이 **최수일·문해력수학연구팀** | 발행인 **한상준** | 초판 1쇄 발행일 2023년 7월 21일
편집 김민정·강탁준·최정휴·손지원 | 기획 자문 박일(수학체험연구소장) | 삽화 김영화·이소영 | 디자인 조경규·김경희·이우현
주소 서울시 마포구 월드컵북로6길 87 | 전화 02-334-6123 | 홈페이지 viabook.kr

문해력이 수학 실력을 좌우합니다

지능 검사는 5개 영역에서 이루어집니다. 어휘적용, 언어추리, 산수추리, 수열추리, 도형추리입니다. 이 중에서 수학 실력과 가장 밀접한 상관관계를 갖는 영역은 무엇일까요? 많은 연구 결과, 수학과 직접적인 관계가 있는 산수추리나 수열추리, 도형추리보다 어휘적용과 언어추리가 수학 실력과의 상관관계가 더 높은 것으로 나타났습니다. '어휘적용'과 '언어추리'가 무엇일까요? 바로 문해력입니다. 문해력이 수학 실력을 좌우합니다.

문해력은 무엇일까요? 문해력은 글을 읽고 의미를 파악하고 이해하는 능력뿐만 아니라 중요한 정보나 사실을 찾고 연결하는 능력이며, 실생활에서 맞닥뜨리는 상황을 이해하고 해결하는 능력입니다. 이는 수학에서 요구하는 역량과도 맞닿아 있습니다. 2024년부터 적용되는 새로운 수학 교육과정은 문제해결, 추론, 의사소통, 연결, 정보처리의 5대 교과 역량을 기반으로 구성됩니다. 또한, 최근 세계적으로 우수한 인재를 위한 교육 프로그램으로 인정받고 있는 IB(International Baccalaureate) 프로그램에서도 사고력을 키워주는 역량 중심의 교육과정을 지향하고 있습니다. 초등수학 IB 프로그램은 위에서 언급한 역량을 키우기 위해 서술형, 논술형 문제를 통해 설명하기(프리젠테이션)와 글쓰기 공부를 강조하고 있습니다.

지식과 정보가 폭발적으로 증가하는 사회에 능동적으로 대응할 수 있는 역량을 갖추는 공부가 절실히 필요한 때입니다. 수학 개념을 정확하고 논리적으로 설명할 줄 아는 공부야말로 미래를 준비하고, 대처할 수 있는 능력을 키워 줄 수 있습니다. 『박학다식 문해력 수학』은 수학 교육과정에서 요구하는 5대 역량과 '설명하기'를 통해 학생이 개념을 충분히 인지하였는지를 알 수 있는 메타인지능력, 그리고 문해력을 동시에 키울 수 있는 교재입니다.

이 책과 함께 성장하는 여러분의 미래를 응원합니다.

박학다식 문해력 수학 사용설명서

step 1

내비게이션

교과서의 교육과정과
학습 주제를 확인해 보세요.
문제에 집중하다 보면
길을 잃기도 하거든요.
내가 공부하고 있는 위치를
확인하는 습관을 지녀보세요.

06 덧셈과 뺄셈 — 두 자리 수의 덧셈

제1 바이올린 / 제2 바이올린

제1 바이올린이 14명, 제2 바이올린이 12명. 그럼 모두 몇 명이지?

우선 10명씩 두 묶음이니까 20명.

그리고 4명이랑 2명이니까 6명!

모두 26명이군.

만화

만화는 뒤에 나오는
'수학 문해력'과 연결이 돼요. 만화를 보며 해당 학습 주제에 대해 상상해 보세요.
그리고 이 주제를 '왜' 배워야 하는지 생각해 보세요.

30초 개념

수학은 '뜻(정의)'과 '성질'이
중요한 과목입니다.
꼭 알아야 할 핵심만
정리해 한눈에 개념을
이해할 수 있어요.

step 1 30초 개념

• 일의 자리에서 받아올림이 있는 두 자리 수끼리의 덧셈은 다음과 같이 세로로 줄을 맞추어 계산합니다.

$$
\begin{array}{r} 2\ 3 \\ +\ 1\ 9 \\ \hline \end{array}
\quad > \quad
\begin{array}{r} \boxed{1} \\ 2\ 3 \\ +\ 1\ 9 \\ \hline 2 \end{array}
\quad > \quad
\begin{array}{r} 1 \\ 2\ 3 \\ +\ 1\ 9 \\ \hline 4\ 2 \end{array}
$$

$3+9=12$이므로 10을 받아올림합니다.

일의 자리에서 받아올림한 수를 함께 계산합니다.

개념연결

수학의 개념은 전 학년에 걸쳐
모두 연결되어 있어요. 지금
배우는 개념이 이해가 되지
않는다면 이전 개념으로 돌아가
다시 확인해 보세요. 그리고 다음에는 어떤 개념으로 연결되는지도 꼭 확인하세요.

1-1	1-2	2-1	2-1
덧셈	(몇십몇)+(몇) 계산하기	두 자리 수의 덧셈	두 자리 수의 뺄셈

매일 한 주제씩 꾸준히 공부하는 습관을 키워 보세요.
'빨리'보다는 '정확하게' 학습 내용을 이해하는 것이 중요합니다.

공부한 날   월   일

step 2 설명하기

질문 ❶ 수 모형을 이용하여 23+19를 계산하는 과정을 설명해 보세요.

설명하기

일 모형 3개와 일 모형 9개를 더하면 모두 12개입니다. 일 모형 10개를
십 모형 1개로 바꾸면 십 모형은 총 4개가 되고 일 모형은 2개가 남습니
다. 따라서 두 수를 더한 합은 42가 됩니다.

설명하기

'30초 개념'을 질문과 설명의 형식으로
쉽고 자세하게 풀어놓았어요.

•이렇게 공부해 보세요!
1. 무엇을 묻는 질문인지 이해한다.
2. '설명하기'를 소리 내어 읽는다.
3. 친구에게 설명한다.
4. 손으로 직접 써서 정리한다.

로 88+45를 계산하고 그 과정을 설명해 보세요.

① 자리에 맞추어 수를 씁니다.
② 일의 자리의 수끼리의 합이 10이거나 10을 넘으면 10은 십의 자리로
   받아올림하여 십의 자리 위에 작게 1로 나타내고, 남은 일의 자리의 수
   는 일의 자리에 내려 씁니다.
③ 받아올림한 수와 십의 자리의 수끼리의 합이 10이거나 10을 넘으면
   10은 백의 자리로 받아올림하여 백의 자리 위에 작게 1로 나타내고,
   남은 십의 자리의 수는 십의 자리에 내려 씁니다.
④ 받아올림한 1은 백의 자리에 내려 씁니다.

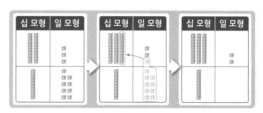

이 과정을 거치게 되면 초등수학의
모든 개념을 정복할 수 있어요.

step 3 개념 연결 문제

1 보기 와 같이 10으로 묶어 덧셈을 계산해 보세요.

보기

15+7=22

(1)   (2)   (3)

25+6   17+8   9+18

2 그림을 보고 □ 안에 알맞은 수를 써넣으세요.

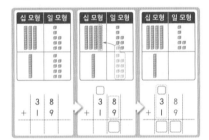

| 십 모형 | 일 모형 | | 십 모형 | 일 모형 | | 십 모형 | 일 모형 |

| 3 | 8 | | 3 | 8 | | 3 | 8 |
| + 1 | 9 | | + 1 | 9 | | + 1 | 9 |

개념 연결 문제

앞에서 다루었던 개념과
그 성질이 들어 있는 문제들입니다.
문제를 많이 푸는 것보다 개념을 묻는
문제를 푸는 것이 중요해요.
어떤 문제를 만나도 풀 수 있다는
자신감을 가지게 될 거예요.

3 계산해 보세요.

(1)   2 8
      + 3 7

(2)   5 5
      + 7 4

(3)   6 7
      + 5 8

(4)   7 7
      + 1 3

(5)   3 4
      + 5 7

(6)   9 9
      + 9 9

4 28+43에서 28을 30−□로 생각하여 계산했습니다. □ 안에 알맞은 수를 써 넣으세요.

28+43=30−□+43=□−□=□

step 4 도전 문제

문장제 문제와
사고력과 추론이 필요한
심화 문제예요.
배운 개념을 토대로
꼼꼼히 생각해 보세요.
개념이 연결되는 문제이기 때문에
충분히 해결할 수 있어요.

도전 문제

5 □안에 알맞은 수를 써넣으세요.

      4 8
    + 7 □
    1 □ 4

6 수 카드 4개를 모두 빈칸에 넣었을 때 계산 결과가 가장 큰 값을 구해 보세요.

6   7   8   9

□□+□□=

(   )

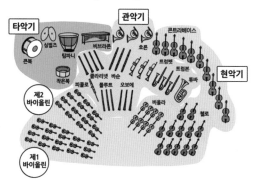

step 5 수학 문해력 기르기

여러 악기가 모인 오케스트라

타악기
관악기
콘트라베이스
심벌즈
비브라폰
호른
큰북
팀파니
트럼펫 트롬본
작은북
클라리넷 바순
튜바
피콜로
플루트 오보에
현악기
제2
바이올린
비올라
첼로
제1
바이올린

오케스트라는 클래식 음악을 연주하는 악기들의 모임이에요. 한 곡을 연주하는 데 50개에서 100개의 악기가 필요하다고 하니, 정말 큰 모임이지요! 오케스트라의 악기는 피리처럼 부는 관악기, 줄을 채로 그어서 소리를 내는 현악기, 피아노와 같은 건반 악기, 북처럼 때려서 내는 타악기 등 다양하답니다.

악기의 위치를 정하는 방법도 여러 가지인데, 대부분은 소리가 작은 악기를 앞에, 소리가 큰 악기를 뒤에 두어요. 이렇게 하면 수많은 악기의 소리가 서로 잘 섞여서 듣는 사람에게 아름다운 음악으로 전해진답니다.

※ 클래식 음악: 서양의 전통적 작곡 기법이나 연주법에 의한 음악

수학 문해력 기르기

설명문, 논설문, 신문 기사, 동화, 만화 등 다양한 분야의 읽을거리를 읽어 보세요. 긴 문장을 읽고 문제의 핵심을 파악하는 능력을 기를 수 있어요.

1 다음 중 오케스트라가 연주하는 음악은? (　　　)

① 동요　　　　② 국악　　　　③ 가요
④ 클래식　　　⑤ 재즈

2 오케스트라에서 악기의 위치를 정하는 방법으로 알맞은 것은? (　　　)

① 키가 작은 사람이 연주하는 악기를 앞쪽에 둔다.
② 소리가 큰 악기를 뒤쪽에 둔다.
③ 먼저 온 사람이 연주하는 악기를 앞쪽에 둔다.
④ 친한 사람끼리 연주하는 악기를 한곳에 모아서 둔다.
⑤ 음악을 좋아하는 사람이 연주하는 악기를 앞쪽에 둔다.

3 다음 중 현악기가 아닌 것은? (　　　)

① 콘트라베이스　　② 첼로　　　③ 큰북
④ 바이올린　　　　⑤ 비올라

4 그림에서 비올라, 첼로, 콘트라베이스가 모두 몇 대인지 구해 보세요.

식 _____

답 _____

5 그림에서 제1 바이올린과 제2 바이올린이 모두 몇 대인지 구해 보세요.

식 _____

답 _____

읽을거리 안에는 앞서 배운 개념을 묻는 문제가 있어요. 문제를 푸는 과정에서 어휘력과 독해력을 키우고, 읽을거리에 담겨 있는 지식과 정보도 얻을 수 있답니다. 수학 개념과 읽기 능력, 두 마리 토끼를 잡아 보세요.

박학다식 문해력 수학 　초등 2-1단계

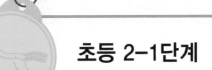

백과 몇백

십, 이십, 삼십 ……
팔십, 구십, 십십!

NUMBERS									
1	2	3	4	5	6	7	8	9	10
11	12	13	14	15	16	17	18	19	20
21	22	23	24	25	26	27	28	29	30
31	32	33	34	35	36	37	38	39	40
41	42	43	44	45	46	47	48	49	50
51	52	53	54	55	56	57	58	59	60
61	62	63	64	65	66	67	68	69	70
71	72	73	74	75	76	77	78	79	80
81	82	83	84	85	86	87	88	89	90
91	92	93	94	95	96	97	98	99	100

십십이 아니고
백이란다.

그럼 99 다음도
100이겠네.

step 1 30초 개념

- 90보다 10 큰 수는 100입니다. 100은 백이라고 읽습니다.

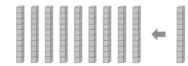

- 100이 3개이면 300입니다. 300은 삼백이라고 읽습니다.

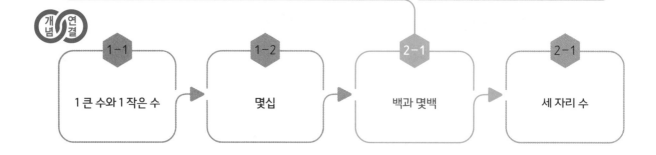

개념 연결

1-1	1-2	2-1	2-1
1 큰 수와 1 작은 수	몇십	백과 몇백	세 자리 수

step 2 설명하기

질문 ❶ 수직선의 ☐ 안에 알맞은 수를 쓰고, 바로 앞의 수보다 얼마만큼 큰 수인지 설명해 보세요.

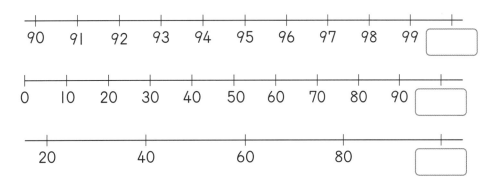

설명하기 100은 99보다 1 큰 수입니다.
100은 90보다 10 큰 수입니다.
100은 80보다 20 큰 수입니다.

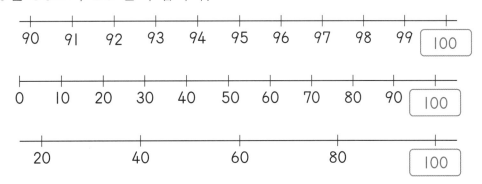

질문 ❷ 표의 빈칸을 채우면서 100부터 900까지 쓰고 읽어 보세요.

100	200	300		500	600			900
백			사백			칠백		

설명하기	100	200	300	400	500	600	700	800	900
	백	이백	삼백	사백	오백	육백	칠백	팔백	구백

1 구슬이 99개 있는데 1개를 더 가져왔습니다. 구슬은 모두 몇 개인지 숫자로 쓰고 읽어 보세요.

99보다 1 큰 수 　쓰기 _____ 　읽기 _____

2 구슬이 90개 있는데 10개를 더 가져왔습니다. 구슬은 모두 몇 개인지 숫자로 쓰고 읽어 보세요.

90보다 10 큰 수 　쓰기 _____ 　읽기 _____

3 100을 수 모형으로 나타내었습니다. ☐ 안에 알맞은 수를 써넣으세요.

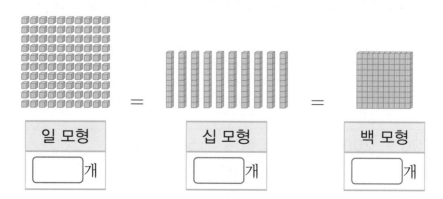

일 모형	십 모형	백 모형
☐ 개	☐ 개	☐ 개

4 수 모형이 나타내는 수를 쓰고 읽어 보세요.

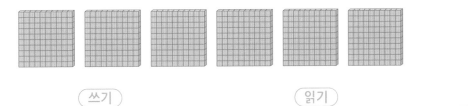

쓰기 _____   읽기 _____

5 다음 두 수의 크기를 비교하여 ◯ 안에 >, =, <를 알맞게 써넣으세요.

(1) 10 ◯ 100   (2) 400 ◯ 200

step **4** 도전 문제

6 그림을 보고 얼마인지 써 보세요.

(1)

(2)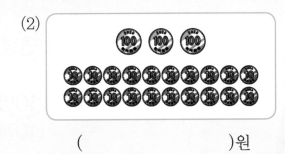

(   )원   (   )원

7 수 모형으로 더 큰 수를 나타낸 사람은 누구인지 찾아보세요.

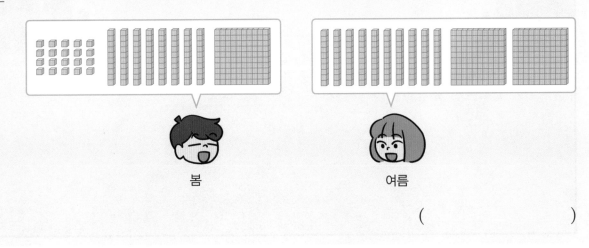

봄   여름

(   )

국립 수목원[*]

어린이날 100주년

숲이 오래

숲놀이 체험

🌱 주요 활동 : 나무와 관계 맺기
　　　　　　　-나무야 나랑 친구 할래?

🌱 운영 기간 : 주말

🌱 운영 대상 : 연령 6~10세

🌱 접수 방법 : 10명당 1개 반 운영
　　　　　　　(10개 반까지 선착순[*] 접수)

* **수목원**: 여러 가지 나무를 기르는 곳
* **선착순**: 먼저 도착한 차례

1 '숲이 오래'에서 하는 체험 활동은? (   )

① 먹이 그물 놀이하기   ② 나뭇잎 분류하기   ③ 물길 지도 만들기
④ 나무와 친구 하기   ⑤ 나무의 인생 이야기 만들기

2 '숲이 오래' 프로그램에 참여할 수 <u>없는</u> 나이는? (   )

① 7세   ② 8세   ③ 9세
④ 10세   ⑤ 11세

3 어린이 10명이 체험 활동을 신청하면 반이 모두 몇 개 만들어지는지 구해 보세요.

(   )개

4 어린이 90명이 체험 활동을 신청하면 반이 모두 몇 개 만들어지는지 구해 보세요.

(   )개

5 한 반에 10명씩 10개 반이 만들어졌다면, 체험 활동을 신청한 어린이는 모두 몇 명인지 구해 보세요.

(   )명

step 1 · 30초 개념

• 100이 3개, 10이 2개, 1이 4개이면 324입니다.
• 324는 삼백이십사라고 읽습니다.

백의 자리	십의 자리	일의 자리
3	2	4

이때 3을 백의 자리 숫자, 2를 십의 자리 숫자, 4를 일의 자리 숫자라고 합니다.

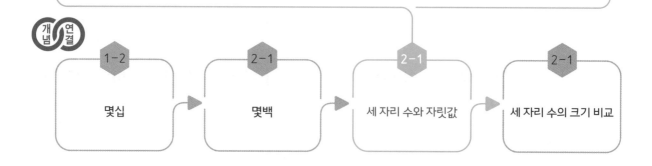

1-2	2-1	2-1	2-1
몇십	몇백	세 자리 수와 자릿값	세 자리 수의 크기 비교

step 2 설명하기

질문 ❶ 435에서 각 자리의 숫자가 나타내는 수가 얼마인지 설명해 보세요.

설명하기

백의 자리	십의 자리	일의 자리
4	3	5

⬇

4	0	0
	3	0
		5

4는 백의 자리 숫자이고, 400을 나타냅니다.
3은 십의 자리 숫자이고, 30을 나타냅니다.
5는 일의 자리 숫자이고, 5를 나타냅니다.

435＝400＋30＋5

질문 ❷ 555를 (몇백)＋(몇십)＋(몇)으로 나타내어 보세요.

555 ⇒	100이 5개	10이 5개	1이 5개
	☐	☐	☐

555＝☐＋☐＋☐

설명하기

555 ⇒	100이 5개	10이 5개	1이 5개
	500	50	5

555＝ 500 ＋ 50 ＋ 5

555는 100이 5개, 10이 5개, 1이 5개 모인 수 이므로 500, 50, 5의 합으로 나타낼 수 있습니다.

1 수 모형을 보고 빈칸에 알맞은 수를 써넣으세요.

백 모형	십 모형	일 모형
100이 ☐ 개	10이 ☐ 개	1이 ☐ 개

2 수 모형이 나타내는 수를 쓰고 읽어 보세요.

쓰기 _____   읽기 _____

3 ☐ 안에 알맞은 수를 써넣으세요.

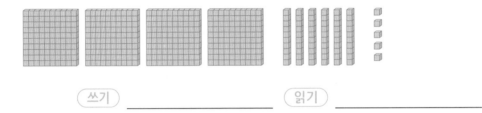

백의 자리	십의 자리	일의 자리
5	7	3

5가 나타내는 값 ➡ ☐ ☐ ☐

7이 나타내는 값 ➡ ☐ ☐

3이 나타내는 값 ➡ ☐

4 783을 각 자리의 숫자가 나타내는 값의 합으로 나타내려고 합니다. ☐ 안에 알맞은 수를 써넣으세요.

783 = ☐ + ☐ + ☐

5 뛰어 세기를 하여 빈 곳에 알맞은 수를 써넣으세요.

(1) 100씩 뛰어 세기

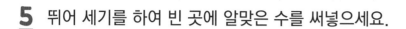

| 121 | | | 421 | 521 | 621 |

(2) 10씩 뛰어 세기

| 780 | | | 810 | 820 | 830 |

(3) 1씩 뛰어 세기

| 995 | 996 | 997 | | | |

step 4 도전 문제

6 수 모형이 나타내는 수를 쓰고 읽어 보세요.

(1)

쓰기 _____   읽기 _____

(2)

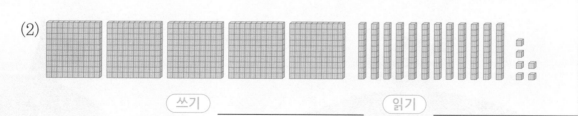

쓰기 _____   읽기 _____

7 밑줄 친 숫자 4가 400을 나타내는 수를 찾아 ○표 해 보세요.

548   479   264

동물 후원* 굿즈

사랑의 팔찌 만들기 세트

🐾 사랑의 팔찌 만들기 세트를 팔아서 얻은 돈은 어떻게 쓰나요?

버려진 동물들이 안전하게 살 수 있는 곳을 만들어 주는 데 사용합니다.

여러분이 만든 팔찌로 동물 사랑을 표현해 주세요.

🐾 사랑의 팔찌는 어떻게 만드나요?

 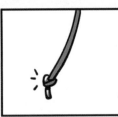 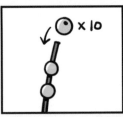 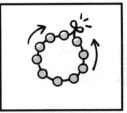

1. 팔찌 끈을 손목을 두 바퀴 감을 수 있는 길이로 자릅니다.

2. 끈의 한쪽을 묶습니다.

3. 끈의 다른 쪽으로 구슬 10개를 끼웁니다.

4. 끈의 양 끝을 묶습니다.

🐾 사랑의 팔찌 만들기 세트는 얼마인가요?

작은 상자: 팔찌 1개 세트 -> 100원

큰 상자: 팔찌 10개 세트 -> 900원

＊**후원**: 뒤에서 도와줌.

1 '사랑의 팔찌 만들기'를 하는 이유는? (   )

① 추운 지역에 사는 사람들을 돕기 위해서
② 동물들이 안전하게 살 곳을 만들기 위해서
③ 동물들에게 밥을 주기 위해서
④ 지진이 난 나라의 사람들을 도와주기 위해서
⑤ 꽃과 나무를 보호하기 위해서

2 팔찌를 만들 때 끈의 길이로 알맞은 것은? (   )

① 발목 둘레를 한 번 감는 길이   ② 목둘레를 한 번 감는 길이
③ 한 뼘만큼의 길이   ④ 손목을 두 바퀴 감는 길이
⑤ 엄지손가락을 두 번 감는 길이

3 팔찌 하나를 만드는 데 구슬이 몇 개 필요한지 써 보세요.

(   )개

4 팔찌 10개 세트를 사려면 돈이 얼마 있어야 하는지 써 보세요.

(   )원

5 팔찌 10개 세트에 들어 있는 구슬의 개수는 몇 개인지 구해 보세요.

(   )개

03
세 자리 수

step 1 30초 개념

• 세 자리 수의 크기는 다음과 같이 비교합니다.
① 두 수의 백의 자리 수가 큰 쪽이 더 큰 수입니다.
② 두 수의 백의 자리 수가 같으면 십의 자리 수를 비교하여 큰 쪽이 더 큰 수입니다.
③ 두 수의 백의 자리 수와 십의 자리 수가 같으면 일의 자리 수를 비교하여 큰 쪽이 더 큰 수입니다.

② 십의 자리 비교
5=5

$351 < 359$

③ 일의 자리 비교
$1 < 9$

① 백의 자리 비교
3=3

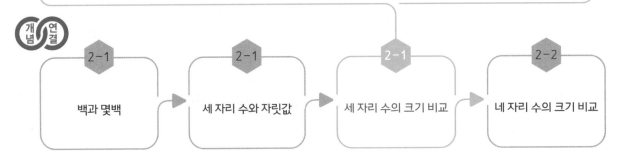

2-1	2-1	2-1	2-2
백과 몇백	세 자리 수와 자릿값	세 자리 수의 크기 비교	네 자리 수의 크기 비교

step 2 설명하기

질문 ❶ 두 수 268과 312를 수 모형으로 나타내어 두 수의 크기를 비교해 보세요.

설명하기 두 수 268과 312를 수 모형으로 나타내면, 268은 백 모형이 2개, 312는 백 모형의 3개이므로 312가 268보다 더 큰 수입니다. 그리고 312>268 또는 268<312와 같이 씁니다.

	백 모형	십 모형	일 모형
268			
312			

질문 ❷ 수 카드 4 , 5 , 8 를 한 번씩만 사용하여 가장 큰 세 자리 수와 가장 작은 세 자리 수를 각각 만들고 방법을 설명해 보세요.

설명하기 (1) 가장 큰 세 자리 수를 만들려면 백의 자리에 가장 큰 수인 8 을 놓고, 십의 자리에 그다음 큰 수인 5 를 놓습니다. 가장 큰 수는 854입니다.

(2) 가장 작은 세 자리 수를 만들려면 백의 자리에 가장 작은 수인 4 를 놓고, 십의 자리에 그다음 작은 수인 5 를 놓습니다. 가장 작은 수는 458입니다.

1 그림을 보고 ◯ 안에 >, =, <를 알맞게 써넣으세요.

백 모형	십 모형	일 모형
587 ➡		
621 ➡		

587 ◯ 621

2 빈칸에 알맞은 수를 써넣고 ◯ 안에 >, =, <를 알맞게 써넣으세요.

	백의 자리	십의 자리	일의 자리
249 ➡		40	
281 ➡	200		1

249 ◯ 281

3 빈칸에 알맞은 수를 써넣고, 세 수 중 가장 큰 수를 찾아보세요.

	백의 자리	십의 자리	일의 자리
402 ➡	400	0	2
630 ➡			
298 ➡			

(   )

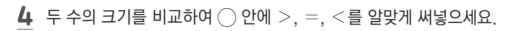

4 두 수의 크기를 비교하여 ◯ 안에 >, =, <를 알맞게 써넣으세요.

(1) 475 ◯ 502   (2) 910 ◯ 899

5 수의 크기를 비교하여 가장 큰 수부터 차례대로 써 보세요.

754,   389,   907

(   )

6 세 자리 수를 비교하려고 합니다. 수 하나가 지워졌어도 수의 크기를 비교할 수 있는 것에 ◯표 해 보세요. (단, ■ 안에는 1부터 9까지의 수가 들어갈 수 있습니다.)

1■2 ◯ 322	( )
■96 ◯ 356	( )
914 ◯ 91■	( )

7 식당에서는 손님이 도착한 순서대로 번호표를 나누어 줍니다. 번호표를 보고 식당에 더 먼저 들어가는 사람은 누구인지 써 보세요.

모신 순서
887
찾아 주셔서
감사합니다!   비아식당

가을

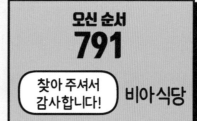

모신 순서
791
찾아 주셔서
감사합니다!   비아식당

겨울

(   )

신발을 골라요

신발은 발의 크기에 맞아야 해요. 신발을 신었을 때 너무 조이면 신발이 작은 것이므로 발이 아플 수 있어요. 또 신발이 헐렁하면 걷고 뛸 때 벗겨져서 불편하고 위험할 수 있어요. 신발을 신고 앞으로 발을 쭉 밀었을 때, 신발 뒤쪽에 손가락 한 개가 들어가는지 확인해 보세요. 그 정도가 나에게 맞는 신발 크기랍니다.

그런데 가끔 신발을 신어 보지 못할 때가 있어요. 그럴 때는 신발 크기가 몇인지를 보면 돼요. 신발 크기는 주로 신발의 뒤나 바닥 혹은 안쪽에 적혀 있는데, 수로 나타나 있기 때문에 그 수를 보고 신발을 고르면 내 발에 맞는 신발을 쉽게 찾을 수 있어요.

우리나라에는 아이들을 위한 신발이 보통 200까지 나와 있어요. 1살이 된 아이는 주로 120을 신고, 2살이 되면 130, 3살에는 140을 신는 아이가 많아요. 1년이 지날 때마다 신발 크기가 10 정도씩 커진답니다.

1 다음 중 나에게 맞는 신발은? (   )

① 크기가 큰 신발

② 작고 귀여운 신발

③ 신발을 신었을 때 너무 조이는 신발

④ 뛰었을 때 벗겨지는 신발

⑤ 발을 앞으로 밀었을 때 손가락 한 개가 들어가는 신발

2 1살인 아이들이 주로 신는 신발 크기로 알맞은 것은? (   )

① 100   ② 120   ③ 200

④ 220   ⑤ 250

3 나의 신발 크기는 몇인지 알아보고 가장 가까운 수를 찾아보세요. (   )

① 100   ② 200   ③ 300

④ 400   ⑤ 500

4 나이마다 주로 신는 신발 크기를 나타낸 표를 보고 빈칸에 알맞은 수를 써넣으세요.

나이	1살	2살	3살	4살	5살	6살	7살	8살	9살
신발 크기	120	130	140	150		170	180		

5 신발 크기를 비교하여 ◯ 안에 >, =, <를 알맞게 써넣으세요.

⑴ 240 ◯ 270   ⑵ 195 ◯ 210   ⑶ 120 ◯ 270

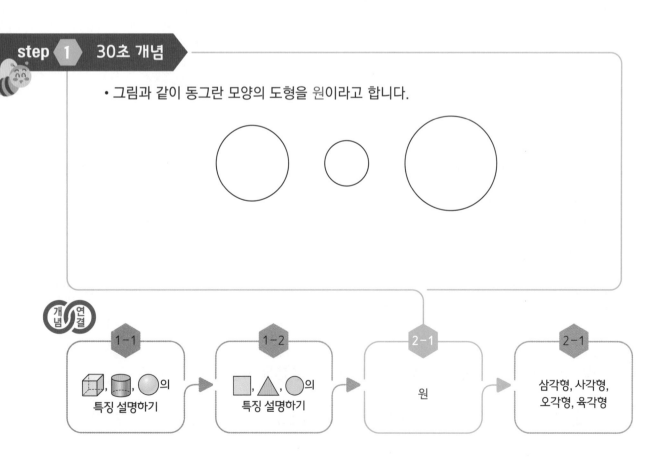

step 2 설명하기

질문 ❶ 종이컵이나 동전, 모양 자 등에 있는 원 모양을 본떠서 원을 그려 보세요.

설명하기 ▷

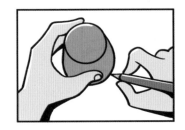 

원을 잘 그리려면 몇 가지 주의할 사항이 있습니다.

(1) 원을 본뜨는 물체가 움직이지 않도록 잘 잡아야 합니다.

(2) 연필과 물체의 테두리를 잘 맞춰서 그립니다.

(3) 원을 그리기 시작한 점에서 끝나는 점까지 잘 이어지도록 그려야 합니다.

(4) 컵은 테두리를 따라 안쪽으로 힘을 주어 그리고 모양 자는 테두리를 따라 바깥쪽으로 힘을 주어 그립니다.

질문 ❷ 원의 특징을 설명해 보세요.

설명하기 ▷ 원은 다음과 같은 성질이 있습니다.

(1) 뾰족한 부분이 없습니다.

(2) 곧은 선이 없습니다.

(3) 굽은 선으로 동그랗게 이어져 있습니다.

(4) 길쭉하거나 찌그러진 곳 없이 어느 쪽에서 보아도 똑같이 동그란 모양입니다.

(5) 크기는 다르지만 생긴 모양은 서로 같습니다.

1 보기 와 같이 종이 위에 컵을 대고 따라 그렸을 때 나타나는 도형은? (   )

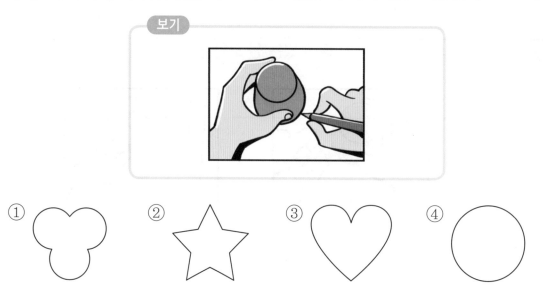

① ② ③ ④

2 다음과 같이 종이 위에 여러 물건을 대고 따라 그렸을 때 나타나는 도형의 이름을 빈 곳에 써넣으세요.

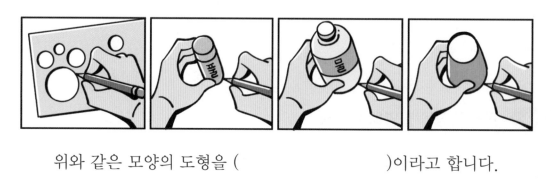

위와 같은 모양의 도형을 (   )이라고 합니다.

3 그림에서 원을 찾아 ○표 해 보세요.

4 원을 모두 찾아 기호를 써 보세요.

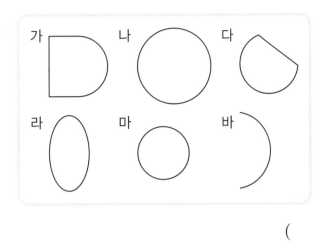

(   )

step 4 도전 문제

5 주변의 물건을 이용하여 크기가 다른 원을 3개 그려 보세요.

6 그림에서 크기가 다른 원을 모두 찾아 몇 개인지 써 보세요.

(   )개

우리나라 동전 이야기

짤랑짤랑, 동그란 동전! 여러분은 심부름을 하면서 동전을 만져 본 적이 있나요? 모든 동전에는 서로 다른 그림이 새겨져 있답니다. 주변에서 쉽게 볼 수 있는 다음 네 가지 동전의 크기와 동전에 새겨진 그림을 살펴볼까요?

▲ 우리나라 동전(왼쪽부터 10원, 50원, 100원, 500원)

10원 동전에는 '불국사'라는 절에 있는 돌탑인 다보탑이 그려져 있어요. 10원 동전의 크기는 네 가지 동전 중 가장 작답니다. 50원 동전에는 우리가 먹는 쌀의 재료인 벼가 그려져 있고, 100원 동전에는 거북선으로 유명한 이순신 장군이 그려져 있어요. 마지막으로 동전 중 크기가 가장 큰 500원 동전에는 학 한 마리가 그려져 있답니다.

아, 혹시 이것도 알고 있나요? 처음 우리나라에서 만들어진 동전은 1원, 5원, 10원이었어요. 그때는 10원 동전의 크기가 지금과 달랐답니다. 사람들이 1원, 5원짜리 동전을 많이 사용하지 않게 되자 2006년에 10원 동전의 크기를 작게 줄였거든요. 지금 1원 동전은 특별한 경우에만 쓰이고 우리는 사용할 일이 없어요. 그렇더라도 한국은행에 1원 동전 10개를 가져가면 10원 동전 1개로 바꿀 수 있답니다.

▲ 우리나라에서 처음 만들어진 동전(왼쪽부터 1원, 5원, 10원)

1 100원 동전에 그려진 그림은? (   )

① 무궁화   ② 다보탑   ③ 벼
④ 이순신   ⑤ 학

2 크기가 가장 큰 동전은? (   )

① 10원   ② 100원   ③ 500원
④ 1원   ⑤ 5원

3 1원 동전 10개는 어떤 동전 1개로 바꿀 수 있는지 써 보세요.

(   )원 동전 1개

4 빈칸에 알맞은 말을 써넣으세요.

동전과 같은 모양의 도형을 (   )이라고 한다.

5 나만의 동전을 만든다면 어떤 크기일지 주변에서 알맞은 크기의 물건을 찾아 대고 그려 보세요.

삼각형, 사각형, 오각형, 육각형

step 1 · 30초 개념

- 세 곧은 선으로 둘러싸인 도형을 삼각형. 네 곧은 선으로 둘러싸인 도형을 사각형이라고 합니다. 이때 곧은 선을 변, 두 변이 만나는 점을 꼭짓점이라고 합니다.

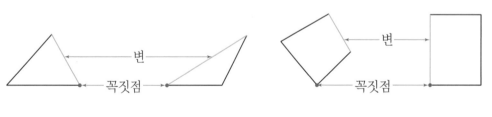

개념 연결

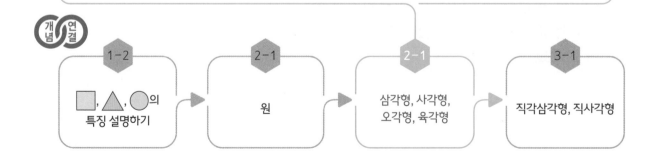

step 2   설명하기

질문 ❶ ▶ 삼각형과 사각형의 특징을 설명해 보세요.

설명하기 ▷ 삼각형과 사각형에는 다음과 같은 성질이 있습니다.
   (1) 변으로 둘러싸여 있습니다.
   (2) 두 변이 만나는 꼭짓점은 뾰족합니다.
   (3) 굽은 선이 없습니다.
   (4) 세모나 네모 모양이지만 모양은 다양합니다.

질문 ❷ ▶ 각 도형의 변의 수와 꼭짓점의 수를 구하고 이들 사이의 관계를 설명해 보세요.

모양	△	□	⬠	⬡
변의 수				
꼭짓점의 수				

설명하기 ▷

모양	△	□	⬠	⬡
변의 수	3	4	5	6
꼭짓점의 수	3	4	5	6

각 도형은 변의 수와 꼭짓점의 수가 같습니다.
삼각형, 사각형, 오각형, 육각형의 이름에 붙은 수와 변의 수, 꼭짓점의 수
가 같습니다.

[1~2] 다음 그림을 보고 물음에 답하세요.

ㄱ.   ㄴ.   ㄷ.   ㄹ.

1 삼각형이 있는 물건을 모두 찾아 기호를 써 보세요.

(   )

2 사각형이 있는 물건을 모두 찾아 기호를 써 보세요.

(   )

3 삼각형을 보고 빈칸에 알맞은 말을 써넣으세요.

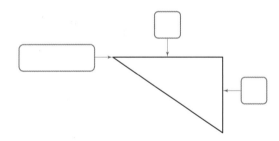

4 다음 도형은 사각형입니다. 변의 개수와 꼭짓점의 개수를 더하면 모두 얼마인지 써 보세요.

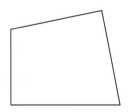

(   )

5 여러 가지 모양의 오각형과 육각형을 각각 2개씩 그려 보세요.

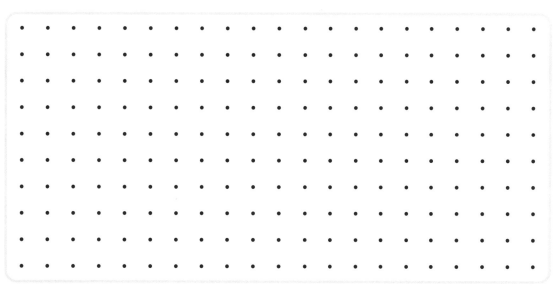

6 색종이를 다음과 같이 잘랐을 때 만들어지는 도형의 이름을 모두 써 보세요.

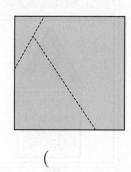

(   )

7 변의 개수와 꼭지점의 개수의 합이 12인 도형을 점판에 그려 보세요.

어린이 보호 구역의 교통 표지판[*]

"어린이 보호 구역입니다. 시속 30킬로미터를 지켜 주십시오." 차를 타고 학교 근처를 지나가면 내비게이션[*]에서 이런 소리가 나온다. 어린이 보호 구역은 어린이들이 차에 치이는 일을 막고 학교를 안전하게 다닐 수 있도록 자동차의 빠르기와 지나다니는 규칙을 정해 놓은 곳이다. 차를 운전하는 사람은 교통 표지판을 보고 이곳이 어린이 보호 구역이라는 것을 알 수 있다. 교통 표지판은 운전자에게 어떻게 운전해야 하는지를 알려 주는 글과 그림이다.

어린이 보호 구역에는 어떤 교통 표지판이 있을까? 먼저 차의 속도가 시속 30킬로미터를 넘지 않아야 한다는 것을 알려 주는 표지판이 있다. 그리고 키 작은 어린이들이 큰 트럭이나 차에 가려지는 일이 없도록 아무 데나 주차하면 차를 가져가겠다고 알려 주는 표지판이 있다. 또 어린이가 많이 다니는 곳이라는 것을 알려 주거나, 천천히 운전해야 한다는 것을 알려 주는 표지판도 있다.

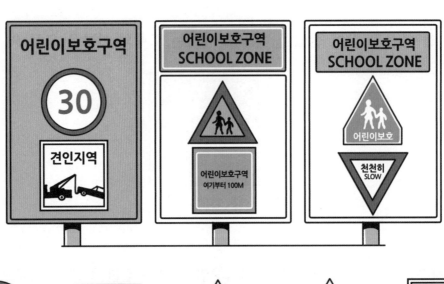

속도 제한
(어린이 보호 구역)

서행

어린이 보호

어린이 보호 구역

견인 지역

[*] **교통 표지판**: 도로 교통에 필요한 주의, 규제, 지시, 방향 따위를 그림이나 문자로 표시한 판
[*] **내비게이션**: 지도를 보여 주거나 지름길을 찾아 주어 자동차 운전을 도와주는 장치

1 어린이 보호 구역을 만든 이유로 알맞은 것은? (   )

① 운전자가 주차를 할 수 있게 하려고
② 사람들이 횡단보도를 빨리 건널 수 있게 하려고
③ 자동차가 빨리 지나갈 수 있게 하려고
④ 어린이가 도로에서 뛰어놀 수 있게 하려고
⑤ 어린이가 학교를 안전하게 다닐 수 있게 하려고

2 어린이 보호 구역에서 볼 수 있는 표지판 3가지를 찾아 ○표 해 보세요.

비행기

어린이 보호

어린이 보호 구역

보행자 보행 금지

견인 지역

3 오른쪽과 같은 모양의 도형이 삼각형인지 알아보고 그 이유를 써 보세요.

삼각형이 (맞습니다 , 아닙니다).

이유

4 칠각형으로 어린이 보호 구역의 교통 표지판을 만들어 보세요.

· · · · ·
· · · · ·
· · · · ·
· · · · ·
· · · · ·

06 덧셈과 뺄셈

• 두 자리 수의 덧셈

step 1 30초 개념

• 일의 자리에서 받아올림이 있는 두 자리 수끼리의 덧셈은 다음과 같이 세로로 줄을 맞추어 계산합니다.

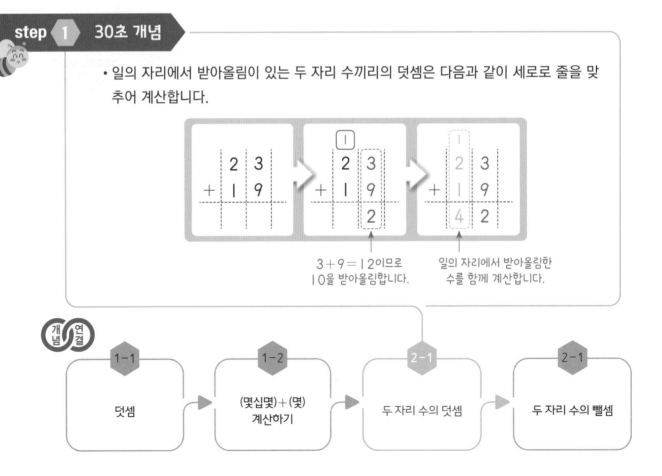

$3+9=12$이므로 10을 받아올림합니다.

일의 자리에서 받아올림한 수를 함께 계산합니다.

개념연결

1-1	1-2	2-1	2-1
덧셈	(몇십몇)+(몇) 계산하기	두 자리 수의 덧셈	두 자리 수의 뺄셈

step **2** 설명하기

질문 **1** 수 모형을 이용하여 23+19를 계산하는 과정을 설명해 보세요.

설명하기

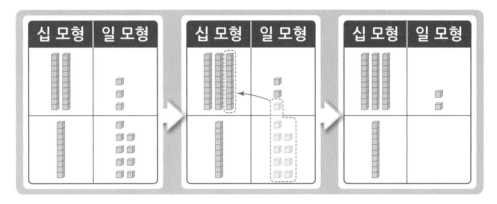

일 모형 3개와 일 모형 9개를 더하면 모두 12개입니다. 일 모형 10개를 십 모형 1개로 바꾸면 십 모형은 총 4개가 되고 일 모형은 2개가 남습니다. 따라서 두 수를 더한 합은 42가 됩니다.

질문 **2** 세로로 88+45를 계산하고 그 과정을 설명해 보세요.

설명하기

① 자리에 맞추어 수를 씁니다.
② 일의 자리의 수끼리의 합이 10이거나 10을 넘으면 10은 십의 자리로 받아올림하여 십의 자리 위에 작게 1로 나타내고, 남은 일의 자리의 수는 일의 자리에 내려 씁니다.
③ 받아올림한 수와 십의 자리의 수끼리의 합이 10이거나 10을 넘으면 10은 백의 자리로 받아올림하여 백의 자리 위에 작게 1로 나타내고, 남은 십의 자리의 수는 십의 자리에 내려 씁니다.
④ 받아올림한 1은 백의 자리에 내려 씁니다.

$$\begin{array}{r} \overset{1}{}\overset{1}{} \\ 8\ 8 \\ +\ 4\ 5 \\ \hline 1\ 3\ 3 \end{array}$$

1 보기 와 같이 10으로 묶어 덧셈을 계산해 보세요.

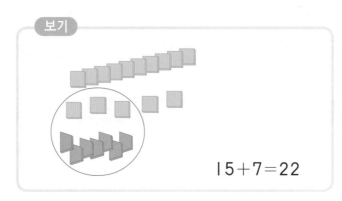

보기

$15+7=22$

(1)

$25+6$

(2)

$17+8$

(3)

$9+18$

2 그림을 보고 ☐ 안에 알맞은 수를 써넣으세요.

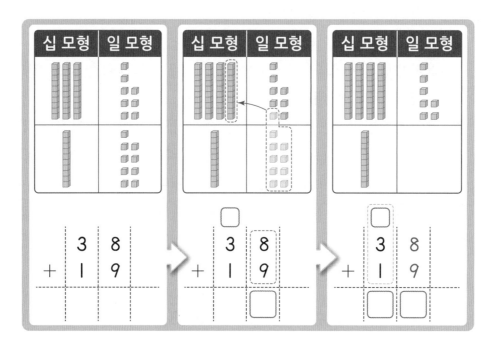

| 십 모형 | 일 모형 | 십 모형 | 일 모형 | 십 모형 | 일 모형 |

$$\begin{array}{r} 3\ 8 \\ +\ 1\ 9 \\ \hline \end{array}$$

$$\begin{array}{r} 3\ 8 \\ +\ 1\ 9 \\ \hline \end{array}$$

$$\begin{array}{r} 3\ 8 \\ +\ 1\ 9 \\ \hline \end{array}$$

3 계산해 보세요.

(1)
$$\begin{array}{r} 2\ 8 \\ +\ 3\ 7 \\ \hline \end{array}$$

(2)
$$\begin{array}{r} 5\ 5 \\ +\ 7\ 4 \\ \hline \end{array}$$

(3)
$$\begin{array}{r} 6\ 7 \\ +\ 5\ 8 \\ \hline \end{array}$$

(4)
$$\begin{array}{r} 7\ 7 \\ +\ 1\ 3 \\ \hline \end{array}$$

(5)
$$\begin{array}{r} 3\ 4 \\ +\ 5\ 7 \\ \hline \end{array}$$

(6)
$$\begin{array}{r} 9\ 9 \\ +\ 9\ 9 \\ \hline \end{array}$$

4 28+43에서 28을 30−□로 생각하여 계산했습니다. □ 안에 알맞은 수를 써넣으세요.

$$28+43=30-\boxed{}+43=\boxed{}-\boxed{}=\boxed{}$$

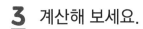
step **4** 도전 문제

5 □ 안에 알맞은 수를 써넣으세요.

$$\begin{array}{r} 4\ \ 8 \\ +\ 7\ \boxed{} \\ \hline 1\ \boxed{}\ 4 \end{array}$$

6 4장의 수 카드를 모두 빈칸에 넣었을 때 계산 결과가 가장 큰 값을 구해 보세요.

$$\boxed{6}\quad\boxed{7}\quad\boxed{8}\quad\boxed{9}$$

$$\boxed{}\boxed{}+\boxed{}\boxed{}$$

(   )

여러 악기가 모인 오케스트라

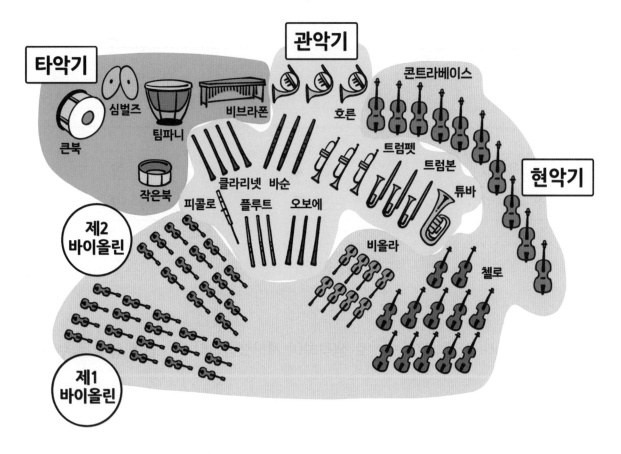

오케스트라는 클래식 음악*을 연주하는 악기들의 모임이에요. 한 곡을 연주하는 데 50개에서 100개의 악기가 필요하다고 하니, 정말 큰 모임이지요! 오케스트라의 악기는 피리처럼 부는 관악기, 줄을 채로 그어서 소리를 내는 현악기, 피아노와 같은 건반악기, 북처럼 때려서 내는 타악기 등 다양하답니다.

악기의 위치를 정하는 방법도 여러 가지인데, 대부분은 소리가 작은 악기를 앞에, 소리가 큰 악기를 뒤에 두어요. 이렇게 하면 수많은 악기의 소리가 서로 잘 섞여서 듣는 사람에게 아름다운 음악으로 전해진답니다.

---

*클래식 음악: 서양의 전통적 작곡 기법이나 연주법에 의한 음악

1 다음 중 오케스트라가 연주하는 음악은? (　　　)

① 동요　　　　　　② 국악　　　　　　③ 가요
④ 클래식　　　　　⑤ 재즈

2 오케스트라에서 악기의 위치를 정하는 방법으로 알맞은 것은? (　　　)

① 키가 작은 사람이 연주하는 악기를 앞쪽에 둔다.
② 소리가 큰 악기를 뒤쪽에 둔다.
③ 먼저 온 사람이 연주하는 악기를 앞쪽에 둔다.
④ 친한 사람끼리 연주하는 악기를 한곳에 모아서 둔다.
⑤ 음악을 좋아하는 사람이 연주하는 악기를 앞쪽에 둔다.

3 다음 중 현악기가 <u>아닌</u> 것은? (　　　)

① 콘트라베이스　　② 첼로　　　　　③ 큰북
④ 바이올린　　　　⑤ 비올라

4 그림에서 비올라, 첼로, 콘트라베이스가 모두 몇 대인지 구해 보세요.

식 _____

답 _____

5 그림에서 제1 바이올린과 제2 바이올린이 모두 몇 대인지 구해 보세요.

식 _____

답 _____

두 자리 수의 **뺄셈**

step 1 30초 개념

- (두 자리 수)−(두 자리 수)는 다음과 같이 세로로 줄을 맞추어 계산합니다.

2에서 7을 뺄 수 없으므로
10을 받아내림하여 계산합니다.

일의 자리에 받아내림하고
남은 수를 계산합니다.

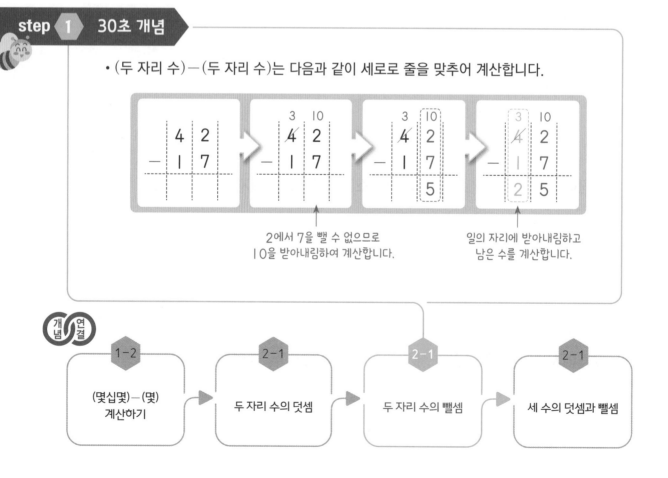

1-2	2-1	2-1	2-1
(몇십몇)−(몇) 계산하기	두 자리 수의 덧셈	두 자리 수의 뺄셈	세 수의 덧셈과 뺄셈

step 2 설명하기

질문 ❶ ▶ 수 모형을 이용하여 42－17을 계산하는 과정을 설명해 보세요.

설명하기 ▶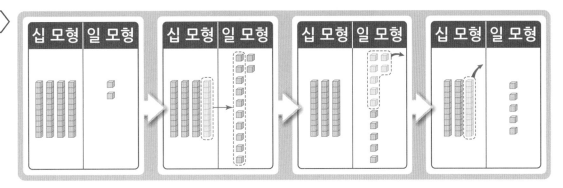

일 모형에서 빼는 수가 더 크면 십 모형 1개를 일 모형 10개로 바꿉니다. 그러면 십 모형은 3개가 남고 일 모형은 12개에서 7개를 빼면 5개가 남습니다. 남은 십 모형 3개에서 1개를 빼면 2개이므로 두 수의 뺄셈의 결과는 25가 됩니다.

질문 ❷ ▶ 세로로 80－39를 계산하고 그 과정을 설명해 보세요.

설명하기 ▶ ① 자리에 맞추어 수를 씁니다.
② 빼어지는 수의 일의 자리 수가 0이므로 십의 자리 수 8을 지우고 위에 7을 작게 쓴 다음 일의 자리 위에 10을 작게 쓰고 10에서 9를 뺀 값 1을 일의 자리에 내려 씁니다.
③ 십의 자리에 남아 있는 7에서 3을 뺀 값 4를 십의 자리에 내려 씁니다.

$$\begin{array}{r} {\scriptstyle 7\ \ 10} \\ \cancel{8}\ \ 0 \\ -\ 3\ \ 9 \\ \hline 4\ \ 1 \end{array}$$

1 보기 와 같이 하나씩 짝 지어 뺄셈을 계산해 보세요.

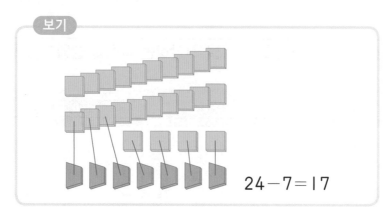

$24-7=17$

(1)

(2)

(3)

$20-5$

$22-14$

$31-23$

2 그림을 보고 □ 안에 알맞은 수를 써넣으세요.

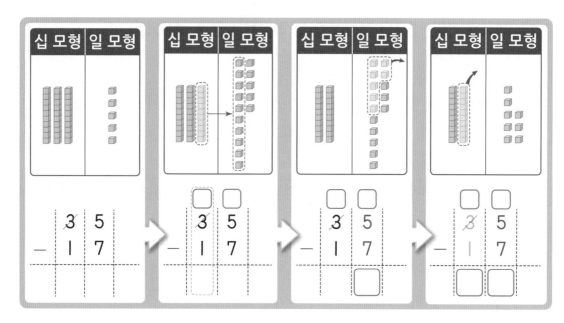

3 계산해 보세요.

(1)
```
    2 0
  −   7
```

(2)
```
    2 7
  − 1 9
```

(3)
```
    4 1
  − 3 2
```

(4)
```
    5 4
  − 1 5
```

(5)
```
    6 6
  − 5 8
```

(6)
```
    7 2
  − 3 5
```

4 45−19에서 19를 15와 4로 가르기 하여 계산했습니다. □ 안에 알맞은 수를 써넣으세요.

$$45-19=45-\boxed{}-\boxed{}=\boxed{}-\boxed{}=\boxed{}$$

5 두 수 중 더 큰 수에 ○표 하고, 얼마나 더 큰지 구해 보세요.

56   48

(   )

step 4 도전 문제

6 □ 안에 알맞은 수를 써넣으세요.

```
    4 1
  − 2 □
  ───────
    □ 4
```

7 □ 안에 들어갈 수 있는 두 자리 수를 모두 구해 보세요.

$$32-\boxed{}>19$$

(   )

블로커스 보드게임

게임 인원: 2~4명

게임 준비물: 블로커스 흰 판, 색깔별(노랑, 파랑, 초록, 빨강) 조각 21개씩

게임 방법

① 각자 조각 색깔을 고르고 차례를 정한다.

② 차례에 따라 흰 판의 네 모서리 중 한 군데를 정해 조각을 하나씩 놓는다.

③ 두 번째 조각부터는 자신이 이전에 놓은 조각의 면과 닿지 않도록 이어 놓는다.

④ 모든 사람이 이제 더는 조각을 놓을 수 없을 때, 남은 조각의 작은 사각형의 수가 가장 적은 사람이 승리!

* 🔵 안의 숫자는 남은 조각의 작은 사각형의 수입니다.

1 블로커스 보드게임의 조각 색깔이 <u>아닌</u> 것은? (   )

① 빨강   ② 주황   ③ 노랑

④ 초록   ⑤ 파랑

2 블로커스 보드게임에서 승리하는 사람을 알맞게 설명한 것은? (   )

① 남은 조각의 수가 가장 많은 사람
② 남은 조각의 수가 가장 적은 사람
③ 남은 조각의 작은 사각형의 개수가 가장 많은 사람
④ 남은 조각의 작은 사각형의 개수가 가장 적은 사람
⑤ 남은 조각의 모양이 예쁜 사람

3 블로커스 보드게임은 한 번에 모두 몇 명까지 같이 할 수 있나요?

(   )명

4 ④의 사진을 보고 승리한 사람의 조각 색깔은 무엇인지 써 보세요

(   )

5 ④의 사진을 보고 승리한 사람의 남은 조각의 작은 사각형의 개수와 4등을 한 사람
의 남은 조각의 작은 사각형의 개수는 몇 개 차이가 나는지 구해 보세요.

식 _____

답 _____

08

세 수의 덧셈과 뺄셈

덧셈과 뺄셈

step 1   30초 개념

• 세 수의 덧셈과 뺄셈이 같이 있는 계산식은 앞에서부터 차례로 계산합니다.

$$28+16-14= \boxed{30}$$

①
$\boxed{44}$
②
$\boxed{30}$

$$34-19+18= \boxed{33}$$

①
$\boxed{15}$
②
$\boxed{33}$

```
  2 8          ┌──→ 4 4
+ 1 6      - 1 4
───────      ───────
  4 4              3 0
```

```
  3 4          ┌──→ 1 5
- 1 9      + 1 8
───────      ───────
  1 5              3 3
```

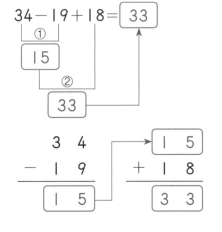

개념 연결

2-1	2-1	2-1	3-1
두 자리 수의 덧셈	두 자리 수의 뺄셈	세 수의 덧셈과 뺄셈	(세 자리 수) +(세 자리 수)

step 2　설명하기

질문 ❶ 다음 문제에서 주차장에 남아 있는 자동차의 수를 구하는 식을 세우고 계산해 보세요.

> 주차장에 자동차가 35대 있었습니다. 자동차가 26대 더 들어오고, 17대가 나갔다면, 주차장에 남아 있는 자동차는 몇 대일까요?

설명하기 주차장에 남아 있는 자동차의 수를 구하는 식은 $35+26-17$이며 이 계산은 다음과 같이 할 수 있습니다.

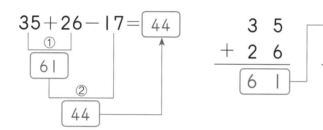

질문 ❷ 식 $48+13-25$에 맞는 문제를 만들어 보세요.

설명하기 │ 문제 예시 1 │ 개미집에 개미가 48마리 있었습니다. 잠시 후 개미가 13마리 더 들어왔고 25마리가 먹이를 구하러 나갔습니다. 개미집에 남아 있는 개미는 몇 마리일까요?

│ 문제 예시 2 │ 연수는 어제 딱지를 48장 만들었습니다. 그리고 오늘 다시 13장을 만들어 동생에게 25장을 주었습니다. 연수가 오늘 가지고 있는 딱지는 모두 몇 장일까요?

1 ☐ 안에 알맞은 수를 써넣으세요.

$$55-17+14$$

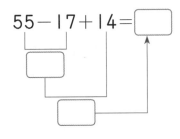

$55-17+14=\boxed{}$

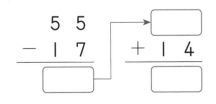

2 계산해 보세요.

(1) $22+8-9$

(2) $36-17+8$

(3) $44-36+13$

(4) $38+15-10$

3 수 카드 21 , 12 , 9 를 사용하여 덧셈식과 뺄셈식을 만들어 보세요.

(1) ☐ + ☐ = ☐
☐ + ☐ = ☐

(2) ☐ − ☐ = ☐
☐ − ☐ = ☐

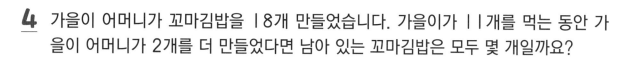

4 가을이 어머니가 꼬마김밥을 18개 만들었습니다. 가을이가 11개를 먹는 동안 가을이 어머니가 2개를 더 만들었다면 남아 있는 꼬마김밥은 모두 몇 개일까요?

식 _____

답 _____

5 기차에 80명이 타고 있었습니다. 이번 역에서 64명이 내리고 12명이 탔을 때 기차에 남아 있는 사람은 모두 몇 명일까요?

식 _____

답 _____

step **4** 도전 문제

6 오늘 교실 책꽂이를 정리하며 책을 빌려 가거나 반납한 권수를 적었습니다. 처음에 책이 모두 몇 권 있었는지 구해 보세요.

빌려 간 책	16권
반납한 책	24권
책꽂이에 남은 책	47권

(   )권

7 보기 에서 □ 안에 알맞은 수를 골라 식을 완성해 보세요.

보기

3, 9, 16, 28, 30, 55

$80-\boxed{}+\boxed{}=92$

숫자 마법

안녕! 나는 마법사 뽀미예요. 저는 여러분이 마음속에 떠올린 수가 무엇인지 맞힐 수 있어요. 어때요, 한번 해 볼래요?

단계	직접 적어 보세요.
① 11~99의 수 중에서 원하는 수를 하나 떠올려요.	
② ①에서 떠올린 수에 30을 더해요.	
③ ②에서 만들어진 수에서 10을 빼요.	
④ ③에서 만들어진 수에서 19를 빼요.	

어떤 숫자가 나왔나요?

처음 여러분이 떠올린 수보다 1 큰 수가 나왔을 거예요. 어때요, 맞나요?

자, 여러분도 친구들에게 숫자 마법을 써 보세요. 재미있을 거예요!

1 숫자 마법의 단계를 모두 거쳤을 때 나오는 수는? (   )

① 처음 떠올린 수   ② 처음 떠올린 수보다 1 큰 수
③ 처음 떠올린 수보다 1 작은 수   ④ 처음 떠올린 수보다 30 큰 수
⑤ 처음 떠올린 수보다 30 작은 수

2 숫자 마법에서 처음에 떠올리는 수로 알맞은 것은? (   )

① 11~99의 수 중 하나   ② 1~100의 수 중 하나
③ 5~10의 수 중 하나   ④ 3~7의 수 중 하나
⑤ 11~111의 수 중 하나

3 숫자 마법에서 처음 수를 떠올린 다음, 그 수에 몇을 더하나요?

(   )

4 처음 떠올린 수가 99일 때, 숫자 마법을 거치고 나면 어떤 숫자가 나오나요?

(   )

5 처음 떠올린 수가 12일 때, 표를 완성해 보세요.

① 11~99의 수 중에서 원하는 수를 하나 떠올려요.	12
② ①에서 떠올린 수에 30을 더해요.	
③ ②에서 만들어진 수에서 10을 빼요.	
④ ③에서 만들어진 수에서 19를 빼요.	

step 1 30초 개념

• 우리 생활 주변에는 길이를 잴 때 단위로 사용할 수 있는 것이 많이 있습니다.

우리 몸	뼘, 발, 손톱, 팔
우리 교실	칠판지우개, 책, 연필, 풀
우리 집	숟가락, 젓가락, 빗자루, 효자손

•  의 길이를 **1 cm** 라 쓰고 1 센티미터라고 읽습니다.

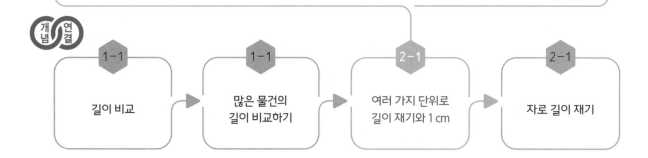

개념 연결

1-1	1-1	2-1	2-1
길이 비교	많은 물건의 길이 비교하기	여러 가지 단위로 길이 재기와 1 cm	자로 길이 재기

step ❷ 설명하기

질문 ❶ 뼘을 이용하여 여러 가지 길이를 재어 보세요.

설명하기 뼘으로 길이를 잴 때는 손가락을 한껏 벌려서 잽니다.
왕자님의 오른쪽 팔의 길이는 **2**뼘입니다.
친구의 손목에서 어깨까지의 길이는 **3**뼘입니다.

질문 ❷ 뼘을 이용하여 길이를 잴 때의 문제점을 설명해 보세요.

설명하기 서로의 뼘의 길이가 달라서 잰 길이에 차이가 있을 수 있습니다.
사람마다 뼘의 길이에 맞게 털실을 잘라 보거나 친구랑 둘이서 직접 뼘을
대어 보면 똑같지 않음을 알 수 있습니다.

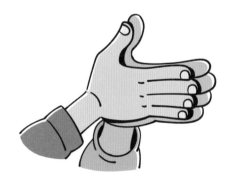

1 연필의 길이는 클립과 풀로 각각 몇 번인지 ☐ 안에 알맞은 수를 써넣으세요.

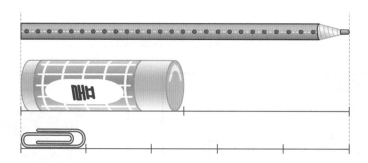

(1) 연필의 길이는 풀로 ☐번입니다.

(2) 연필의 길이는 클립으로 ☐번입니다.

2 ☐ 안에 알맞은 수를 써넣고, 주어진 길이를 쓰고 읽어 보세요.

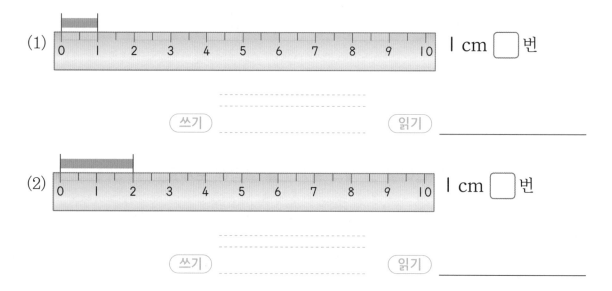

(1) I cm ☐번

쓰기 _____ 읽기 _____

(2) I cm ☐번

쓰기 _____ 읽기 _____

3 주어진 길이만큼 점선을 따라 선을 그어 보세요.

(1) 4 cm   I cm
┊┈┈┈┈┈┈┈┈┈┈┈┈┈┈┈┈┈┈┈┈┈┈┈┈┊

(2) 6 cm   I cm
┊┈┈┈┈┈┈┈┈┈┈┈┈┈┈┈┈┈┈┈┈┈┈┈┈┊

4 한 토막이 I cm인 종이 자를 만들었습니다. 다음 중 가장 긴 자는? (   )

①
②
③
④
⑤

step ④ 도전 문제

5 책상의 가로 길이가 몇 뼘인지 재었더니 봄이는 5뼘, 가을이는 4뼘, 겨울이는 6뼘이었습니다. 한 뼘의 길이가 가장 짧은 사람은 누구인지 이름을 써 보세요.

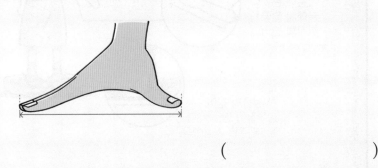

(   )

6 보기 에서 종이 자를 고르고 한 번씩만 사용하여 I0 cm짜리 종이 자를 만들어 보세요.

보기

I cm
2 cm
4 cm
5 cm

몸을 이용해서 길이를 재었다고?

지금처럼 정해진 길이의 단위가 생기기 전에는 어떻게 길이를 재었을까? 그때는 우리 몸을 이용했다. 유럽에서 사용했던 몸을 이용한 길이의 단위에 어떤 것들이 있는지 알아보자.

몸의 일부분을 이용한 길이

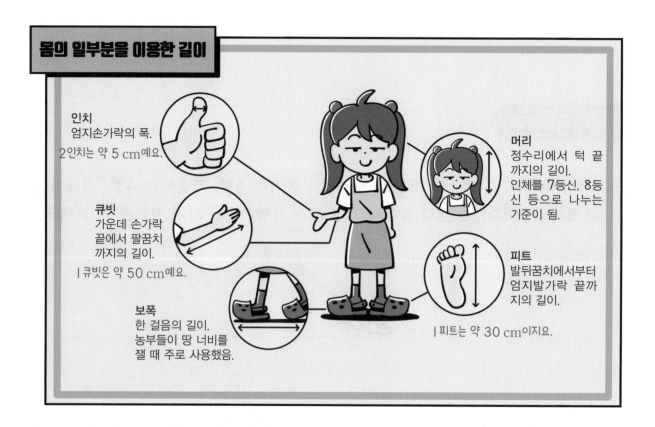

인치
엄지손가락의 폭.
2인치는 약 5 cm예요.

큐빗
가운데 손가락 끝에서 팔꿈치 까지의 길이.
1큐빗은 약 50 cm예요.

보폭
한 걸음의 길이.
농부들이 땅 너비를 잴 때 주로 사용했음.

머리
정수리에서 턱 끝 까지의 길이.
인체를 7등신, 8등 신 등으로 나누는 기준이 됨.

피트
발뒤꿈치에서부터 엄지발가락 끝까 지의 길이.
1피트는 약 30 cm이지요.

이렇게 옛날 옛적에도 길이를 나타내기 위한 여러 단위가 있었다. 그렇지만 사람마다 몸의 크기와 길이가 다르고, 나라마다 다른 단위를 사용하다 보니 소통*에 어려움이 있었다. 그래서 지금처럼 모든 나라가 공통으로 사용하는 길이 단위를 만들게 되었다.

＊**소통**: 뜻이 서로 통하여 오해가 없음.

1 길이를 재는 데 사용한 몸의 일부분이 <u>아닌</u> 것은? (   )

① 손가락   ② 머리   ③ 발
④ 팔   ⑤ 머리카락

2 몸을 이용한 길이의 단위의 문제점으로 알맞은 것은? (   )

① 매번 새로운 길이의 단위를 이용하게 된다.
② 사람마다 몸의 크기와 길이가 다르다.
③ 몸이 아픈 사람이 있을 수 있다.
④ 마음을 이용한 단위도 만들어야 한다.
⑤ 몸으로 길이를 재는 것이 귀찮을 때가 있다.

3 몸의 일부분을 이용하여 길이를 재었더니 2인치였습니다. 이 길이는 약 몇 cm일까요?

(   ) cm

4 보기 중 길이가 가장 짧은 단위부터 순서대로 적어 보세요.

> **보기**
>
> 피트,   인치,   큐빗

(   )

5 나의 큐빗은 약 몇 cm인지 자로 재어 써 보세요.

약 (   ) cm

step 1 30초 개념

• 자를 이용하여 길이 재는 방법

① 연필의 한쪽 끝을 자의 눈금 0에 맞춥니다.

② 연필의 다른 쪽 끝에 있는 자의 눈금을 읽습니다.

➡ 연필의 길이는 9 cm입니다.

개념
연결

1-1	2-1	2-1	2-2
길이 비교	여러 가지 단위로 길이 재기와 1 cm	자로 길이 재기	1 m

step 2 설명하기

질문 ❶ ▶ 길이 재기가 잘못된 이유를 설명해 보세요.

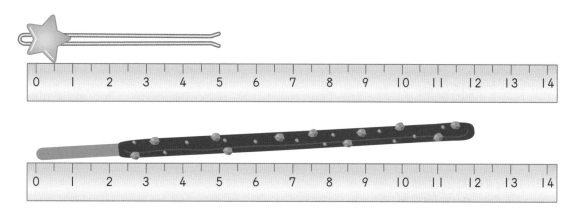

설명하기 ▷ 머리핀의 한쪽 끝을 0에 정확하게 맞추지 않아 5 cm라고 할 수 없습니다.
과자의 한쪽 끝이 눈금 0에 있지만 과자를 비스듬하게 재어 자에 닿지 않
았기 때문에 길이가 12 cm라고 할 수 없습니다.

질문 ❷ ▶ 곤충이나 물건의 길이가 얼마인지 설명해 보세요.

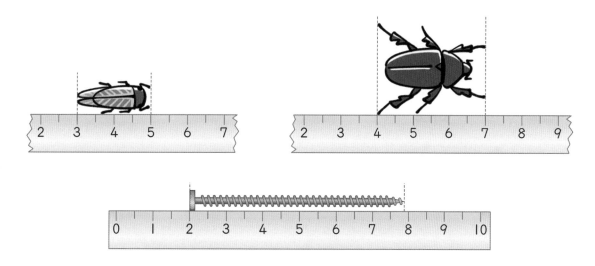

설명하기 ▷ 3에서 5까지 1 cm가 2번 들어가기 때문에 매미의 길이는 2 cm입니다.
4에서 7까지 1 cm가 3번 들어가기 때문에 장수풍뎅이의 길이는 3 cm
입니다. 나사못의 끝은 8 cm에 가깝지만 2 cm부터 재었기 때문에 나사못의
길이는 약 6 cm입니다.

1 지우개의 길이를 재기 위하여 자를 바르게 사용한 것에 ○표 해 보세요.

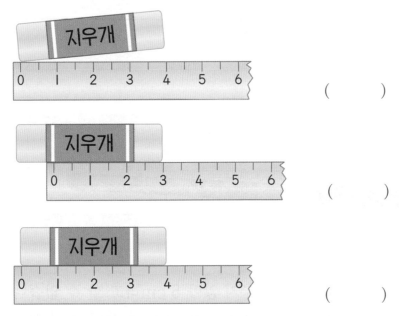

(   )

(   )

(   )

2 여러 가지 학용품의 길이를 재어 보세요.

(1) 책의 가로 길이 재기

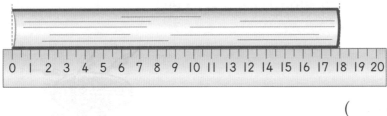

(   ) cm

(2) 연필의 길이 재기

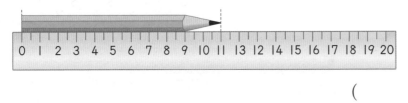

(   ) cm

(3) 지우개의 길이 재기

(   ) cm

3 곤충의 길이에 가까운 것에 ○표 해 보세요.

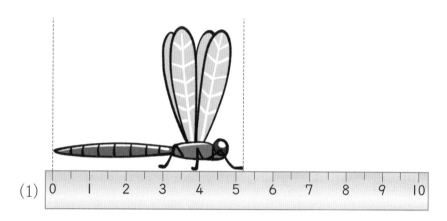

(1)

약 (4 , 5 , 6) cm

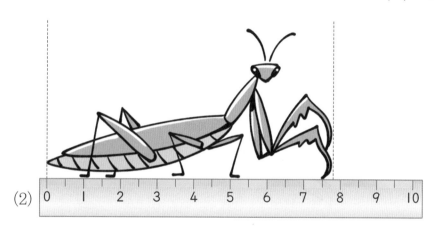

(2)

약 (6 , 7 , 8) cm

step **4** 도전 문제

4 □ 안에 알맞은 수를 써넣으세요.

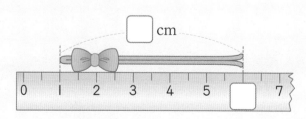

5 실제 길이가 13 cm인 연필을 봄이는 10 cm로 어림했고, 여름이는 15 cm로 어림했습니다. 실제 길이에 더 가깝게 어림한 사람은 누구인가요?

(   )

바퀴의 역사

바퀴는 사람이 만든 중요한 발명품* 중 하나이다. 바퀴를 만들고 나서 사람들은 먼 곳까지 더 쉽게 갈 수 있었고, 많은 양의 짐도 쉽게 옮길 수 있었다. 그래서 바퀴는 자동차, 자전거, 버스, 휠체어 등 우리가 타고 다니는 많은 곳에 달려 있다.

바퀴를 처음 만든 것이 누구인지는 아직 알려진 사실이 없지만 바퀴는 아주 오래전 메소포타미아 유적*에서 발견된 것이 가장 오래되었다고 한다. 옛날 옛적 사람들은 수레 같은 데만 바퀴를 사용한 것이 아니라, 물레방아를 만들거나 거리를 잴 때도 바퀴를 사용했다. 바퀴로 어떻게 거리를 재었을까?

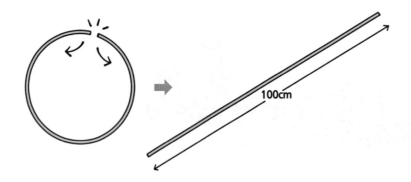

굴렁쇠를 생각하면 조금 쉽게 답을 찾을 수 있다. 굴렁쇠의 둘레가 얼마나 되는지 재어 보고, 시작점에서 굴렁쇠를 몇 바퀴 돌렸을 때 도착점이 나오는지를 생각하는 것이다. 만약 100 cm의 쇠로 만들어진 굴렁쇠를 시작점에서 도착점까지 2바퀴 굴렸다면 그 거리는 200 cm가 된다.

---

*발명품: 아직까지 없었던 물건을 새로 생각하여 만들어 낸 것
*유적: 건축물이나 싸움터 등 역사적인 사건이 벌어졌던 곳

1 바퀴가 있는 물건이 <u>아닌</u> 것은? (   )

　　① 휠체어　　　　　② 버스　　　　　　③ 자전거
　　④ 스키　　　　　　⑤ 자동차

2 옛날 옛적 사람들은 바퀴를 언제 사용했는지 모두 찾아보세요. (   )

　　① 물레방아를 만들 때　② 밥을 지을 때　　　③ 옷을 입을 때
　　④ 책을 읽을 때　　　　⑤ 거리를 잴 때

3 둘레가 100 cm인 굴렁쇠를 몇 바퀴 굴리면 200 cm의 거리를 잴 수 있을까요?

　　　　　　　　　　　　　　　　　　　　　　(　　　　　　　　)바퀴

4 둘레가 100 cm인 굴렁쇠를 시작점에서 도착점까지 5바퀴 굴렸다면, 그 거리는 몇 cm일까요?

　　　　　　　　　　　　　　　　　　　　　　(　　　　　　　　) cm

5 둘레가 25 cm인 굴렁쇠가 3바퀴를 굴러갔다면 그 거리는 몇 cm일까요?

　　　　　　　　　　　　　　　　　　　　　　(　　　　　　　　) cm

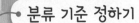
11

분류하기

step **1** **30초 개념**

- 분류 기준을 정하는 방법
  - 분명한 기준을 정해서 누가 분류하더라도 똑같은 결과가 나와야 합니다.
  - 되도록 많은 친구들이 인정하는 기준을 정해야 합니다.
  - 정해진 기준으로 물건을 분류했을 때 분류한 물건을 명확하게 찾을 수 있어야 합니다.
  - 좋아하는 색이라든가 예쁜 물건이라든가 하는 것은 친구마다 다르게 생각할 수 있기 때문에 좋은 분류 기준이 될 수 없습니다.

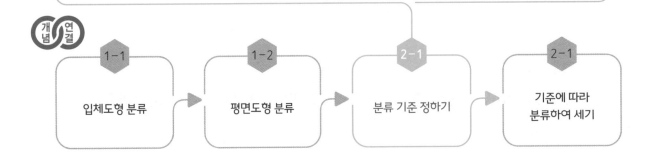

1-1	1-2	2-1	2-1
입체도형 분류	평면도형 분류	분류 기준 정하기	기준에 따라 분류하여 세기

step 2 설명하기

질문 ❶ 가을이와 겨울이가 신발장의 신발을 예쁜 신발과 예쁘지 않은 신발로 분류한 결과입니다. 어떤 문제점이 있는지 설명해 보세요.

가을	
예쁜 신발	예쁘지 않은 신발
①, ②, ⑤, ⑦, ⑩	③, ④, ⑥, ⑧, ⑨

겨울	
예쁜 신발	예쁘지 않은 신발
③, ⑦, ⑧, ⑨, ⑩	①, ②, ④, ⑤, ⑥

설명하기 〉 각자 예쁘다고 생각하는 신발이 서로 다릅니다.
분류 기준이 명확하지 않아서 가을이와 겨울이가 분류한 결과가 서로 다릅니다.

질문 ❷ 동물을 여러 가지 기준으로 분류해 보세요.

설명하기 〉 똑같은 대상을 여러 가지 기준으로 다르게 분류할 수 있습니다.

날 수 있는 것	날 수 없는 것	다리가 있는 것	다리가 없는 것
참새, 독수리	뱀, 달팽이, 강아지, 호랑이, 토끼	참새, 독수리, 토끼, 강아지, 호랑이	뱀, 달팽이

1 동물을 다리의 개수에 따라 분류하여 번호를 써 보세요.

0개	2개	4개

2 물건을 모양에 따라 분류하여 번호를 써 보세요.

⬛ 모양	🛢 모양	⚪ 모양

3 도형의 분류 기준을 보기 에서 찾아 써 보세요.

보기

색깔,　　모양,　　크기,　　무늬

(1)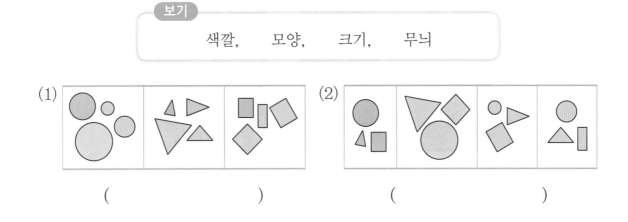

(　　　　　　　　　　　　)　　　　　　(　　　　　　　　　　　　)

4 분류 기준을 정하고 기준에 따라 냉장고 안 물건을 정리해 보세요.

복숭아　　자두　　바나나우유　오렌지주스

사이다　　물　　파　　양파

마늘　　돼지고기　　닭고기

김치　　나물　　어묵 볶음

케첩　　마요네즈

분류 기준

수박은 과일이 아니라고요?

▲ 수박

▲ 토마토

우리는 여름철에 달고 시원한 수박을 많이 먹지요. 그런데 수박은 과일이 아니라는 사실을 알고 있나요? 설탕을 솔솔 뿌려 달콤하게 먹는 토마토도 과일이 아니랍니다. 수박과 토마토는 바로 채소예요!

▲ 여러 가지 과일과 채소

'과일'이라고 하면 사과, 배, 귤, 포도, 복숭아와 같은 것들이 떠오르지요. 한 번 나무를 심어 여러 해 동안 열매를 얻을 수 있을 때, 그 열매를 '과일'이라고 해요. 나무에서 열리는 대추, 밤, 호두도 과일이에요.

'채소'를 떠올리면 상추, 배추, 깻잎, 무, 당근, 시금치 등이 생각날 텐데, 채소는 한 번 심어서 그 해에만 얻을 수 있는 것을 말해요. 따라서 매년 심어야 하는 토마토, 수박, 호박, 참외는 채소로 분류할 수 있답니다.

1 과일에 대한 설명으로 알맞은 것은? (   )

① 잘랐을 때 빨갛지 않은 열매　　　② 신맛이 없는 열매
③ 달콤하고 크기가 큰 열매　　　　　④ 한 해만 살다 죽는 식물의 열매
⑤ 한 번 나무를 심으면 여러 해 동안 얻을 수 있는 열매

2 다음 중 과일이 <u>아닌</u> 것은? (   )

① 사과　　　　　　② 참외　　　　　　③ 배
④ 복숭아　　　　　⑤ 포도

3 다음 중 채소인 것은? (   )

① 호두　　　　　　② 토마토　　　　　③ 대추
④ 밤　　　　　　　⑤ 사과

4 분류 기준을 정하고 기준에 따라 채소와 과일로 분류해 보세요.

사과　호박　참외　배　당근　무　귤

포도　상추　토마토　복숭아　시금치　대추　밤　호두

분류 기준

12
분류하기

step 1   30초 개념

- 분류하여 종류별로 개수를 세면 여러 가지 좋은 점이 있습니다.
  - 가장 많은 친구들이 좋아하는 동물이나 음식이 무엇인지 알 수 있습니다.
  - 집에 있는 장난감 중 어떤 것이 가장 많은지 알 수 있습니다.
  - 카드 뒤집기 놀이 등의 게임에서 누가 이겼는지 알 수 있습니다.

개념연결

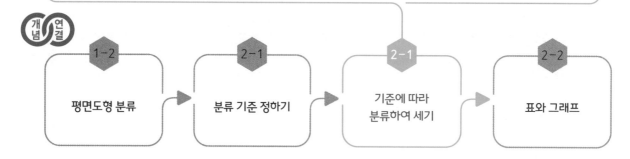

1-2	2-1	2-1	2-2
평면도형 분류	분류 기준 정하기	기준에 따라 분류하여 세기	표와 그래프

step 2 설명하기

질문 ❶ 과자를 색깔과 모양에 따라 각각 분류
해 보세요.

설명하기

질문 ❷ 동물을 다리의 수에 따라 분류하고 그 수를 세어 보세요.

| 독수리 | 코끼리 | 말 | 흰동가리 | 앵무새 | 뱀 |

| 달팽이 | 기린 | 호랑이 | 비단잉어 | 돌고래 | 참새 |

설명하기

다리의 수	없음	2개	4개
동물 이름	흰동가리, 뱀, 돌고래, 달팽이, 비단잉어	독수리, 앵무새, 참새	코끼리, 말, 기린, 호랑이
동물의 수(마리)	5	3	4

1 부엌에 있는 물건들을 정리하려고 합니다. 기준을 정하여 분류하고 그 수를 세어 보세요.

국그릇	칼	숟가락	젓가락
냄비	국자	밥그릇	포크
샐러드 볼	프라이팬	접시	주전자

(분류 기준)

세면서 표시하기	///// /////	///// /////	///// /////	///// /////
개수				

2 책상 서랍을 열어 보니 학용품이 어질러져 있습니다. 물음에 답하세요.

연필	지우개	풀	자
붓	사인펜	색종이	가위
테이프	색연필	물감	볼펜

(1) 학용품을 기준에 따라 분류하고 그 수를 세어 보세요.

세면서 표시하기	///// /////	///// /////	///// /////	///// /////
개수				

(2) 학용품을 분류할 수 있는 다른 기준은 무엇이 있을까요?

(   )

3 다양한 모양과 색깔의 도형이 있습니다. 물음에 답하세요.

●	⬟	◆	⬟	▲
◆	●	▲	●	▲
⬟	▱	●	●	▶
▲	▲	●	◆	◆

(1) 기준을 정하여 분류하고 그 수를 세어 보세요.

> (분류 기준)

세면서 표시하기	//// ////	//// ////	//// ////	//// ////
개수				

(2) (1)에서 정한 기준과 다른 기준을 정하여 분류하고 그 수를 세어 보세요.

> (분류 기준)

세면서 표시하기	//// ////	//// ////	//// ////	//// ////
개수				

쓰레기의 재탄생

집에서도 학교에서도 쓰레기를 버릴 때 종류별로 나누어 버리지요. 그 이유는 무엇일까요? 바로 재활용* 때문이에요. 우리가 사용한 쓰레기를 일반 쓰레기로 버리면 모두 불에 타 없어지고 말아요. 하지만 종류별로 나누어 버리면 재활용 과정을 거쳐서 우리 주변의 새로운 물건으로 돌아온답니다. 그렇다면 어떤 물건이 어떻게 변신하는지 알아볼까요?

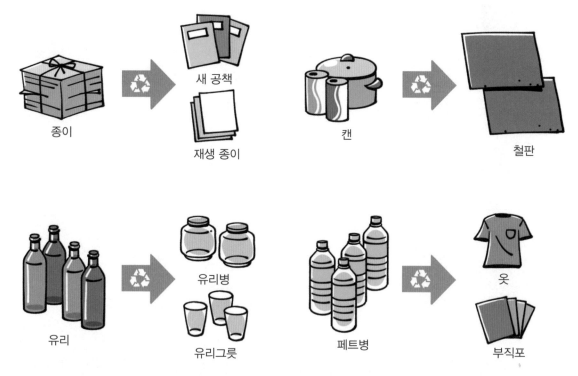

우리가 버린 쓰레기가 이렇게 새로운 물건으로 바뀌다니, 놀랍지 않나요? 그리고 이렇게 쓰레기를 분류해서 버리면 많은 자원을 아끼고 환경을 보호할 수 있어요. 그러니까 귀찮더라도 물건의 재료에 따라 종이, 캔, 유리, 페트병, 비닐 등으로 분류하여 버리는 습관을 기르도록 해요.

---

*재활용: 못 쓰게 되어 버린 물건의 용도를 바꾸거나 가공하여 다시 씀.

1 쓰레기를 종류별로 나누어 버려야 하는 이유로 알맞은 것은? (   )

① 몸을 더 움직이려고
② 그렇게 하는 것이 재미있어서
③ 쓰레기를 재활용해서 자원을 아끼려고
④ 그렇게 하지 않으면 지저분해져서
⑤ 쓰레기를 정리하려고

2 종이를 재활용해서 만들 수 있는 물건은? (   )

① 신발   ② 재생 종이   ③ 비닐
④ 플라스틱 물통   ⑤ 테이프

3 쓰레기를 종류별로 나누어 버린 모습을 보고 통에 알맞은 재료를 써넣으세요.

(   )   (   )   (   )   (   )

4 물건을 종류에 맞게 분류하여 선으로 이어 보세요.

종이   페트병   캔   유리

13
곱셈

step 1 30초 개념

- 물건의 수를 세는 방법은 다양합니다.
  - 하나씩 세어 보는 방법
  - 뛰어 세기로 알아보는 방법
  - 묶어 세기로 알아보는 방법
  - 10개씩 묶고 남은 것을 더하는 방법

개념연결

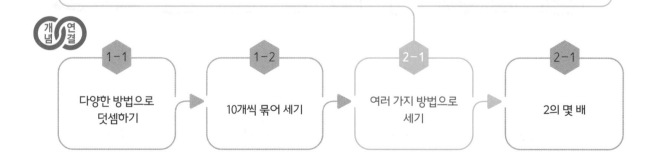

1-1	1-2	2-1	2-1
다양한 방법으로 덧셈하기	10개씩 묶어 세기	여러 가지 방법으로 세기	2의 몇 배

step 2 설명하기

질문 ❶ 사과가 몇 개인지 다양하게 뛰어 세어 보세요.

설명하기 2개씩 뛰어 세면 '2, 4, 6, 8, 10, 12'로 12개입니다.
3개씩 뛰어 세면 '3, 6, 9, 12'로 12개입니다.

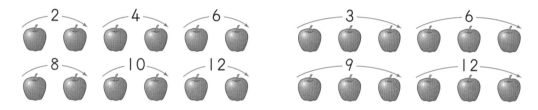

질문 ❷ 오렌지를 몇씩 몇 묶음으로 셀 수 있는지 설명해 보세요.

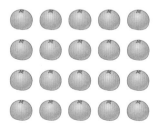

설명하기 오렌지의 수는 5씩 4묶음입니다.
오렌지의 수는 4씩 5묶음이기도 합니다.

1 장갑을 2씩 묶어 수를 세려고 합니다. ☐ 안에 알맞은 수를 써넣으세요.

$$2-4-\boxed{}-\boxed{}-\boxed{}$$

2 모두 몇 개인지 묶어 세려고 합니다. 물음에 답하세요.

(1) 3개씩 묶어 세려고 합니다. ☐ 안에 알맞은 수를 써넣으세요.

$$3-6-\boxed{}-\boxed{}$$

(2) 4개씩 묶어 세려고 합니다. ☐ 안에 알맞은 수를 써넣으세요.

$$4-\boxed{}-\boxed{}$$

3 십 모형의 수를 묶어 세기로 나타내려고 합니다. ☐ 안에 알맞은 수를 써넣으세요.

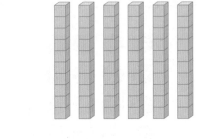

$$\boxed{}-\boxed{}-\boxed{}-\boxed{}-\boxed{}-\boxed{}$$

4 당근은 모두 몇씩 몇 묶음인지 ☐ 안에 알맞은 수를 써넣으세요.

☐씩 ☐묶음

5 피자가 모두 몇 조각인지 ☐ 안에 알맞은 수를 써넣으세요.

☐조각씩 ☐판 ➡ ☐조각

6 달걀 한 판을 여러 가지 방법으로 묶어 세려고 합니다.
☐ 안에 알맞은 수를 써넣으세요.

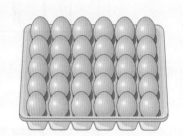

(1) 2씩 ☐묶음 ➡ ☐개

(2) 3씩 ☐묶음 ➡ ☐개

(3) 5씩 ☐묶음 ➡ ☐개

(4) 6씩 ☐묶음 ➡ ☐개

(5) 10씩 ☐묶음 ➡ ☐개

7 사탕을 묶어 세려고 합니다. ☐ 안에 알맞은 수를 써넣으세요.

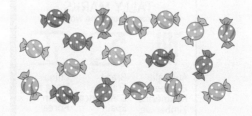

☐씩 ☐묶음으로 세었습니다. 사탕은 모두 ☐개입니다.

5씩 묶어 세기

숫자를 아직 사용하지 않던 옛날, 사람들은 여러 가지 방법으로 수를 나타냈어요.

첫 번째로는 나무 막대나 도구를 이용하여 바닥, 동굴 벽에 막대 선을 그림으로써 수를 표현했답니다. 처음에는 나타내려고 하는 개수만큼 막대 선을 그었지요. 그런데 이 방법으로는 큰 수를 나타내기가 어려웠어요. 7보다 큰 수는 읽기가 어려웠지요. 그래서 막대 선을 그리며 5씩 묶어서 세기 시작했어요. 막대 선을 계속 그리다가 5개가 되면 묶어서 표현하는 것이었지요. 이렇게 하면 7을 5씩 묶음 1개와 막대 선 2개로 나타낼 수 있어요.

1	2	3	4	5	6	···	10
I	II	III	IIII	卌	卌 I		卌 卌

두 번째 방법은 사각형 모양을 이용하여 묶어 세는 것이었어요. 막대 선을 네모 모양으로 그리다가 5개가 되면 사각형 안에 선을 그어 5개가 모여 있음을 나타냈지요.

1	2	3	4	5	6	···	10
I	L	U	□	◩	◩ I		◩ ◩

세 번째 방법은 한자를 이용하는 것이었어요. 한자 바를 정(正)을 순서대로 그어 5개씩 하나의 묶음을 만들면 훨씬 쉽게 수를 셀 수 있었답니다.

1	2	3	4	5	6	···	10
一	T	F	正	正	正 一		正 正

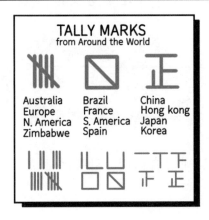

1 숫자를 사용하기 전에 수를 세었던 방법으로 알맞은 것은? (   )

① 수를 세지 않았다.   ② 수를 표현하지 않았다.
③ 수 감각이 없었다.   ④ 막대 선 표시를 이용했다.
⑤ 수의 필요성을 몰랐다.

2 수 5를 나타내는 것을 모두 찾아보세요. (2개) (   )

① ＭＨＨ   ② └┘   ③ ▢   ④ ┣╋   ⑤ │

3 옛날 사람들은 수를 몇씩 묶어 세었나요?

(   )

4 10을 다양한 방법으로 표현하여 빈칸을 완성해 보세요.

막대 선	사각형 모양	한자

5 20을 나타내려면 5씩 묶음이 몇 개 필요한지 다양한 방법으로 뛰어 세며 그려 보세요.

2의 몇 배

14
곱셈

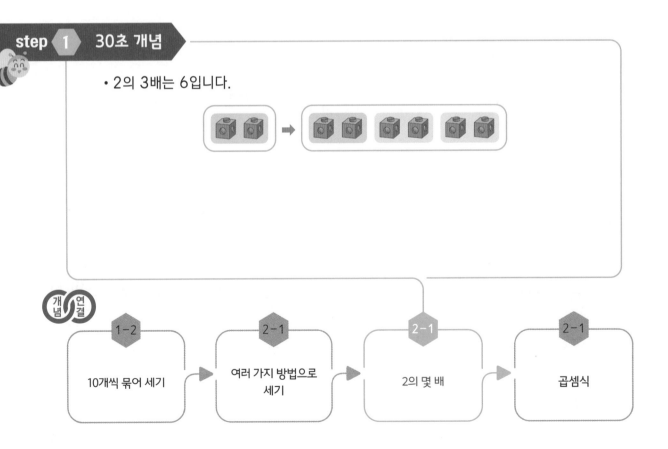

step 1 30초 개념

• 2의 3배는 6입니다.

개념 연결

| 1-2 | 2-1 | 2-1 | 2-1 |
| 10개씩 묶어 세기 | 여러 가지 방법으로 세기 | 2의 몇 배 | 곱셈식 |

step ❷ 설명하기

질문 ❶ 4의 3배를 덧셈식으로 나타내고 그 합을 구해 보세요.

설명하기 4의 3배를 덧셈식으로 나타내면 4+4+4이고 그 합은 12입니다.

질문 ❷ 연필이 7씩 4묶음 있습니다.

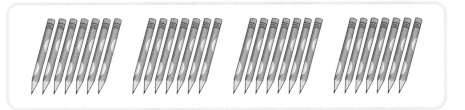

(1) 7씩 4묶음을 덧셈식으로 나타내어 보세요.
(2) 7씩 4묶음은 7의 몇 배인지 써 보세요.
(3) 7의 4배는 얼마인지 구해 보세요.

설명하기 (1) 7씩 4묶음을 덧셈식으로 나타내면 7+7+7+7입니다.
(2) 7씩 4묶음은 7의 4배입니다.
(3) 7의 4배는 28입니다.

1 보기 와 같이 나타내려고 합니다. ☐ 안에 알맞은 수를 써넣으세요.

보기

2의 3배는 6입니다.

(1)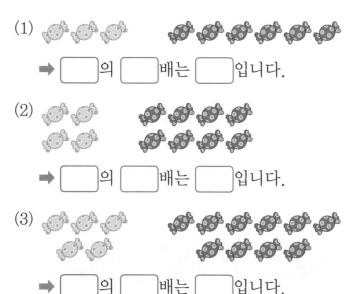

➡ ☐의 ☐배는 ☐입니다.

(2)

➡ ☐의 ☐배는 ☐입니다.

(3)

➡ ☐의 ☐배는 ☐입니다.

2 달걀의 수는 닭의 수의 몇 배일까요?

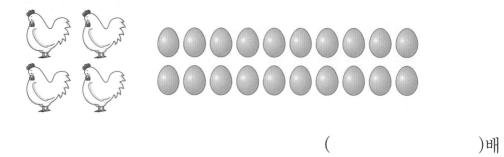

(   )배

3 ☐ 안에 알맞은 수를 써넣으세요.

6씩 ☐ 묶음은 6의 ☐ 배입니다.

노란색 사탕은 ☐+☐=☐(개)입니다.

4 겨울이가 모은 딱지는 봄이가 모은 딱지의 몇 배일까요?

봄   겨울

(   )배

step 4 도전 문제

5 일 모형을 2개씩 묶어 십 모형 1개를 만들려면 일 모형 2개씩 묶음이 몇 개 필요한지 덧셈식으로 나타내어 보세요.

식 _____=10

6 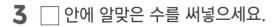 의 4배가 되도록 ○를 그리고, 그 수를 세는 덧셈식을 써 보세요.

식 _____

마법 자판기*

*자판기: 사람의 손을 빌리지 않고 물건을 자동으로 판매하는 장치

1 마법 자판기에 물건을 넣고 버튼을 누르면 물건이 몇 배로 늘어나나요?

(   )배

2 두 친구가 자판기에 처음 넣은 것은? (   )

① 사탕   ② 초콜릿   ③ 젤리
④ 동전   ⑤ 쿠키

3 마법 자판기에 초콜릿 1개를 넣고 2배 버튼을 눌렀을 때 초콜릿은 모두 몇 개가 나왔나요?

1의 2배 ➡ (   )개

4 마법 자판기에 초콜릿 2개를 넣고 3배 버튼을 눌렀을 때 초콜릿은 모두 몇 개가 나왔나요?

2의 3배 ➡ (   )개

5 두 친구가 마법 자판기에 동전 4개를 넣었습니다. 몇 배 버튼을 눌렀고 몇 개의 동전이 나왔는지 자유롭게 써 보세요.

4의 ☐배 ➡ (   )개

- $4+4+4+4+4+4+4$는 4×7과 같습니다.
- $4+4+4+4+4+4+4 = 4 \times 7 = 28$
- $4 \times 7 = 28$은 '4 곱하기 7은 28과 같습니다.'라고 읽습니다.
- 4와 7의 곱은 28입니다.

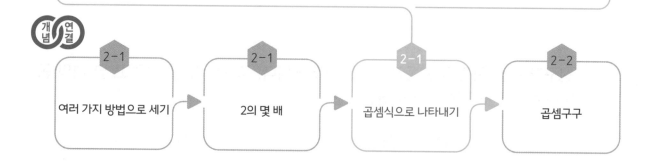

step 2 설명하기

질문 ❶ 꽃병에 꽂힌 꽃송이의 수를 구하는 곱셈식과 덧셈식을 쓰고 그 수를 구해 보세요.

설명하기 6송이씩 4개의 꽃병에 꽂힌 꽃송이의 수를 덧셈식으로 나타내면
6+6+6+6입니다.
꽃송이의 수를 곱셈식으로 나타내면 6×4입니다.
6과 4의 곱은 24입니다.

질문 ❷ 별 모양이 규칙적으로 그려진 이불 위에 사람이 누워 있습니다. 이불에 그려진
별의 개수를 구하고 그 방법을 설명해 보세요.

설명하기 이불에 그려진 별은 한 줄에 5개씩 7줄이므로 곱셈식을 써서 그 개수를 구
할 수 있습니다.
5×7=35, 즉 모두 35개입니다.

1 화분 속 꽃의 수를 덧셈식과 곱셈식으로 나타내려고 합니다. ☐ 안에 알맞은 수를 써넣으세요.

(1) 덧셈식: ☐+☐+☐+☐=☐

(2) 곱셈식: ☐×☐=☐

2 블록으로 고양이를 만들 때 필요한 고양이 다리의 수를 덧셈식과 곱셈식으로 나타내려고 합니다. ☐ 안에 알맞은 수를 써넣으세요.

(1) 덧셈식: ☐+☐+☐+☐+☐+☐=☐

(2) 곱셈식: ☐×☐=☐

3 몇씩 몇 묶음으로 나타내어진 개수를 덧셈식과 곱셈식으로 나타내어 보세요.

(1) 3씩 3묶음 ➡ ☐+☐+☐=☐ ➡ ☐×☐=☐

(2) 2씩 5묶음 ➡ ☐+☐+☐+☐+☐=☐ ➡ ☐×☐=☐

(3) 5씩 7묶음 ➡ ☐+☐+☐+☐+☐+☐+☐=☐

➡ ☐×☐=☐

4 꽃이 모두 몇 송이인지 덧셈식과 곱셈식으로 나타내어 보세요.

(1) 덧셈식:

(2) 곱셈식:

5 전체 개수를 여러 가지 곱셈식으로 나타내려고 합니다. ☐ 안에 알맞은 수를 써넣으세요.

(1) ☐씩 ☐묶음 ➡ ☐ × ☐ = ☐

(2) ☐씩 ☐묶음 ➡ ☐ × ☐ = ☐

(3) ☐씩 ☐묶음 ➡ ☐ × ☐ = ☐

6 규칙적으로 별이 그려진 이불 위에 고양이가 누워 있습니다. 이불 위에 그려진 별의 개수는 모두 몇 개인지 구해 보세요.

(   )개

보이지 않는 것을 볼 수 있는 힘, 규칙

"비밀 하나를 알려 줄게. 아주 간단한 거야. 오직 마음으로 봐야만 정확하게 볼 수 있다는 거야. 정말 중요한 것은 눈에 보이지 않거든."『어린 왕자*』의 멋진 구절*이지 요.

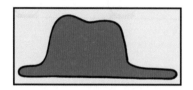 

▲『어린 왕자』에 등장하는 코끼리를 삼킨 보아뱀

우리는 규칙을 통해 보이지 않는 것을 볼 수 있어요. 예를 들어 볼까요? 6개의 도넛을 넣은 상자가 5개 있어요. 우리는 도넛이 보이지 않아도 전체 도넛의 개수를 알 수 있지요.

물에 젖은 종이 포장지도 마찬가지예요. 꽃이 규칙적인 묶음으로 그려져 있어서 모두 몇 송이인지 금방 알 수 있답니다.

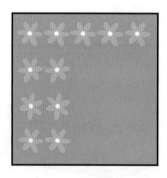

* **어린 왕자**: 프랑스의 소설가 생텍쥐페리가 1943년에 발표한 소설
* **구절**: 한 토막의 말이나 글

1 이 이야기에서 보이지 않는 것을 볼 수 있게 하는 것은? (　　　　)

① 더하기　　　　② 빼기　　　　③ 규칙
④ 희망　　　　　⑤ 그림

2 5상자에 들어 있는 도넛의 개수를 덧셈식으로 구해 보세요.

(식) _____

3 5상자에 들어 있는 도넛의 개수를 구하는 식을 곱셈식으로 나타내어 보세요.

(식) _____

4 종이 포장지에 꽃이 몇 송이 그려져 있는지 구하려고 합니다. □ 안에 알맞은 수를 써넣으세요.

□개씩 □묶음 ➡ □송이

5 종이 포장지에 그려진 꽃의 수를 구하는 식을 곱셈식으로 나타내어 보세요.

(식) _____

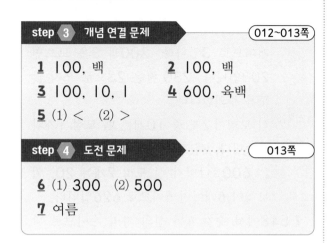

01 백과 몇백

step 3 개념 연결 문제 〈012~013쪽〉

1 100, 백　　　　**2** 100, 백
3 100, 10, 1　　**4** 600, 육백
5 (1) <　(2) >

step 4 도전 문제 〈013쪽〉

6 (1) 300　(2) 500
7 여름

---

1 구슬이 10개씩 9묶음, 1개씩 9개가 있습니다. 구슬의 개수는 99개입니다. 99보다 1 큰 수는 100입니다. 100은 '백'이라고 읽습니다.

2 구슬이 10개씩 9묶음 있습니다. 구슬의 개수는 90개입니다. 90보다 10 큰 수는 100입니다. 100은 '백'이라고 읽습니다.

3 일 모형이 100개 있으면 100을 나타냅니다. 십 모형 10개는 일 모형 100개와 같습니다. 십 모형 10개는 100을 나타냅니다. 백 모형 1개는 십 모형 10개와 같습니다. 백 모형 1개는 일 모형 100개와 같습니다. 백 모형 1개는 100을 나타냅니다.

4 백 모형이 6개 있으면 600을 나타냅니다. 600은 '육백'이라고 읽습니다.

5 (1) 10이 10묶음이면 100입니다. 100이 10보다 더 큽니다.
　(2) 100이 4묶음이면 400입니다. 100이 2묶음이면 200입니다. 400이 200보다 더 큽니다.

6 (1) 100원 동전 3개는 100원이 3개이므로 300원입니다.
　(2) 100원 동전 세 개는 100원이 3개이므로 300원입니다. 10원 동전 20개는 10원이 20개이므로 200원입니다. 동

전은 모두 500원입니다.

7 백 모형 1개는 100입니다. 십 모형 8개는 80입니다. 일 모형 20개는 20입니다. 80보다 20 큰 수는 100입니다. 100이 2개이면 200입니다. 봄이가 나타낸 수는 200입니다.
백 모형 2개는 200입니다. 십 모형 10개는 100입니다. 100이 3개이면 300입니다. 여름이가 나타낸 수는 300입니다. 봄이가 나타낸 수는 100이 2개, 여름이가 나타낸 수는 100이 3개이므로 여름이가 나타낸 수가 더 큽니다.

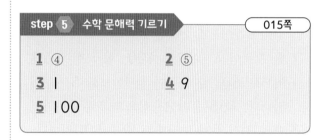

step 5 수학 문해력 기르기 〈015쪽〉

1 ④　　　　　　**2** ⑤
3 1　　　　　　**4** 9
5 100

---

1 숲이 오래 활동 내용의 표를 보면 주요 활동은 "나무야 나랑 친구 할래?"입니다.

2 숲이 오래 운영 대상은 6~10세이므로 11세는 참여할 수 없습니다.

3 숲이 오래 체험 프로그램은 10명당 1개 반으로 운영됩니다.

4 숲이 오래 체험 프로그램은 10명당 1개 반으로 운영됩니다. 90은 10이 9개입니다.

5 숲이 오래 체험 프로그램은 10명당 1개 반으로 운영됩니다. 10명씩 10개이면 100명입니다.

step 3 개념 연결 문제　　018~019쪽

1 2, 7, 8　　　　**2** 465, 사백육십오

3 500, 70, 3　　**4** 700, 80, 3

5 (1) 221, 321　(2) 790, 800

　(3) 998, 999, 1000

step 4 도전 문제　　　019쪽

6 (1) 203, 이백삼　(2) 626, 육백이십육

7 479에 ○표

1 백 모형이 2개이므로 100이 2개입니다. 십 모형이 7개이므로 10이 7개입니다. 일 모형이 8개이므로 1이 8개입니다.

2 백 모형이 4개이므로 400, 십 모형이 6개이므로 60, 일 모형이 5개이므로 5, 465입니다. 465는 '사백육십오'라고 읽습니다.

3 백의 자리 5가 나타내는 값은 500입니다. 십의 자리 7이 나타내는 값은 70입니다. 일의 자리 3이 나타내는 값은 3입니다.

4 백의 자리 7이 나타내는 값은 700입니다. 십의 자리 8이 나타내는 값은 80입니다. 일의 자리 3이 나타내는 값은 3입니다. 783은 700, 80, 3이 모인 수입니다.

5 (1) 100씩 뛰어 세기는 백의 자리 수가 1씩 늘어납니다. 121에서 100씩 뛰어 세면 221, 321입니다. 121에서 백의 자리 수를 1씩 늘리면 221, 321입니다.

　(2) 10씩 뛰어 세기는 십의 자리 수가 1씩 늘어납니다. 780에서 10씩 뛰어 세면 790, 800입니다. 90보다 10 큰 수는 100입니다. 790 다음에 700과 100이 모이면 800입니다.

　(3) 1씩 뛰어 세기는 일의 자리 수가 1씩 늘어납니다. 997에서 1씩 뛰어 세면 998, 999, 1000입니다. 999보다 1 큰 수는 1000입니다.

6 (1) 백 모형이 2개이므로 200, 일 모형이 3개이므로 3입니다. 200과 3을 모으면 203입니다. 230 혹은 23으로 쓰지 않도록 주의합니다.

　(2) 십 모형 12개 중 10개는 백 모형 1개와 같습니다. 백 모형 5개와 십 모형 10개는 600, 나머지 십 모형 2개는 20, 일 모형이 6개이면 6이므로 626입니다.

7 548에서 숫자 4는 십의 자리 수이므로 나타내는 수는 40입니다. 479에서 숫자 4는 백의 자리 수이므로 나타내는 수는 400입니다. 264에서 숫자 4가 나타내는 수는 일의 자리 수이므로 4입니다.

step 5 수학 문해력 기르기　　021쪽

1 ②　　　　　　**2** ④

3 10　　　　　　**4** 900

5 100

1 사랑의 팔찌로 얻은 돈은 버려진 동물들이 안전하게 살 수 있는 곳을 만들어 주는 데 사용합니다.

2 팔찌를 만들기 위해 가장 첫 번째로 팔찌 끈을 손목을 두 바퀴 감을 수 있는 길이로 잘라 줍니다.

3 구슬 10개를 묶어 팔찌의 양 끝을 묶어 주므로 팔찌 1개에 필요한 구슬은 10개입니다.

4 큰 상자에는 팔찌 10개 세트가 있습니다. 따라서 팔찌 10개 세트를 사기 위해서는 900원이 필요합니다.

5 팔찌 1개를 만들기 위해서는 구슬 10개가 필요합니다. 팔찌 10개는 구슬이 10개씩 10묶음이므로 필요한 구슬의 개수는 100개입니다.

step 3 개념 연결 문제　024~025쪽

1 <
2 (위에서부터) 200, 9, 80; <
3 600, 30, 0, 200, 90, 8; 630
4 (1) <　(2) >　　**5** 907, 754, 389

step 4 도전 문제　025쪽

6 첫 번째에 ○　　**7** 겨울

1 세 자리 수끼리 비교할 때에는 단위가 가장 큰 백의 자리 수부터 차례로 비교합니다. 587과 621에서 백 모형은 각각 5개와 6개이므로 621이 더 큰 수입니다.

2 세 자리 수끼리 비교할 때에는 단위가 가장 큰 백의 자리 수부터 차례로 비교합니다. 249와 281은 백의 자리 수가 같으므로 십의 자리 수를 비교합니다. 십의 자리 수 4가 8보다 작으므로 281이 더 큰 수입니다.

3 402, 630, 298의 백의 자리 수를 비교하면 6이 가장 크므로 630이 가장 큰 수입니다.

4 (1) 475와 502의 백의 자리 수를 비교하면 5가 4보다 크므로 502가 더 큽니다.
　(2) 910과 899의 백의 자리 수를 비교하면 9가 8보다 크므로 910이 더 큽니다.

5 백의 자리 수를 비교하면 9, 7, 3 순서대로 크므로 907이 가장 큰 수, 그다음 754, 가장 작은 수는 389입니다.

6 1■2와 322의 백의 자리 수는 각각 1과 3으로 백 몇십 이보다 삼백 이십 이가 더 큰 수라는 것을 알 수 있습니다.

7 백의 자리 수를 비교하면 7이 8보다 더 작은 수입니다. 791번째는 887번째보다 더 먼저 온 것이므로 더 먼저 들어가는 사람은 겨울이입니다.

step 5 수학 문해력 기르기　027쪽

1 ⑤　　　　**2** ②
3 ②　　　　**4** 160, 190, 200
5 (1) <　(2) <　(3) <

1 신발은 너무 조이거나 헐렁하지 않은 것으로 골라야 합니다. 알맞은 크기의 신발은 발을 앞으로 밀었을 때 손가락 1개가 들어가는 신발입니다.

2 1살인 아이들은 주로 120 크기의 신발을 신습니다.

3 사람마다 다르지만 180~220 정도의 크기이므로 가장 비슷한 수는 200입니다.

4 1년이 지날 때 신발 크기가 10 정도씩 커진다고 했으므로 10씩 뛰어 세기를 할 수 있습니다. 150보다 10 큰 수는 160, 180보다 10 큰 수는 190, 190보다 10 큰 수는 200입니다.

5 세 자리 수끼리 비교할 때에는 백의 자리 수부터 차례로 비교합니다.
　(1) 240과 270의 백의 자리 수가 2로 같으므로 십의 자리 수를 비교합니다. 240의 십의 자리 수는 4, 270의 십의 자리 수는 7이므로 270이 더 큽니다.
　(2) 195의 백의 자리 수는 1, 210의 백의 자리 수는 2이므로 195보다 210이 더 큽니다.
　(3) 120의 백의 자리 수는 1, 270의 백의 자리 수는 2이므로 120이 270보다 더 작습니다.

04 원

step 3 개념 연결 문제 ·········· 030~031쪽

1 ④   **2** 원
3 바퀴, 김밥, 토마토에 ○표
4 나, 마

step 4 도전 문제 ·········· 031쪽

5 (예)

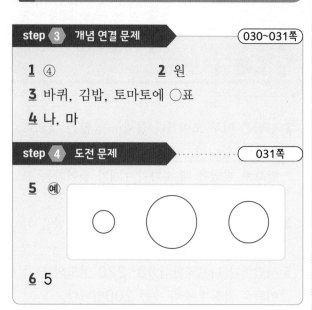

6 5

1 종이컵을 대고 따라 그리면 동그라미 모양이 나옵니다.
2 동그랗게 생긴 부분을 대고 따라 그리면 원이 나옵니다.
4 도형 가와 도형 다는 곧은 선이 있습니다. 도형 라는 길쭉하게 생긴 동그라미입니다. 도형 바는 둘러싸여 있지 않습니다. 따라서 이 도형들은 원이 아닙니다.
5 동전, 딱풀 등을 이용하여 크기가 서로 다른 원 3개를 그립니다.
6 노랑, 빨강, 파랑, 검정, 하양 원의 테두리에서 5개의 원을 찾을 수 있습니다.

step 5 수학 문해력 기르기 ·········· 033쪽

1 ④   **2** ③
3 10   **4** 원
5 풀이 참조

1 100원 동전에는 거북선으로 유명한 이순신 장군이 그려져 있습니다.

2 동전 중에서 가장 크기가 큰 동전은 500원짜리 동전입니다.
3 1원이 10개이면 10원입니다.
4 동전을 대고 따라 그리면 원이 나옵니다. 동전과 같은 모양의 도형을 원이라고 합니다.
5 주변의 동그란 물건을 이용하여 원을 그립니다.

05 삼각형, 사각형, 오각형, 육각형

step 3 개념 연결 문제 ·········· 036~037쪽

1 ㄱ, ㄹ   **2** ㄴ, ㄷ
3 (왼쪽부터) 꼭지점, 변, 변
4 8
5 (예)

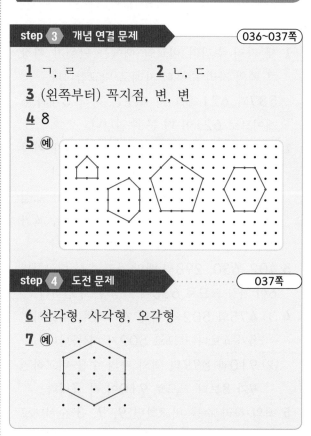

step 4 도전 문제 ·········· 037쪽

6 삼각형, 사각형, 오각형
7 (예)

1 옷걸이의 아랫부분에서 삼각형을 찾을 수 있습니다. 삼각자는 삼각형 모양입니다.
2 거울과 책에는 뾰족한 부분(꼭짓점)이 4개 있습니다.
3 삼각형을 만드는 곧은 선을 변이라고 합니다. 변과 변이 만나는 점은 꼭짓점입니다.
4 변의 개수는 4개, 꼭짓점의 개수는 4개이므로 4+4=8입니다.

6 색종이를 잘랐을 때 변과 꼭짓점이 각각 3개
인 삼각형이 1개, 변과 꼭짓점이 각각 4개인
사각형이 1개, 변과 꼭짓점이 각각 5개인 오
각형이 1개 만들어집니다.

step 5 수학 문해력 기르기   039쪽

1 ⑤
2 두 번째, 세 번째, 다섯 번째에 ○표
3 맞습니다에 ○표, 풀이 참조
4 예
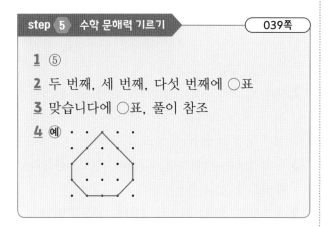

1 어린이 보호 구역은 어린이들이 차에 다치지
않고 안전하게 학교에 다닐 수 있도록 자동
차의 빠르기와 지나다니는 규칙을 정해 놓은
곳입니다.
2 어린이가 많이 다니는 곳이라는 표지판, 어린
이를 보호해야 하는 곳임을 알려 주는 표지판,
큰 차에 어린이가 가려지지 않도록 길가에 차
를 대면 차를 가져간다는 표지판도 있어요.
3 (이유) 곧은 3개의 선분과 변과 변이 만나 만
들어지는 3개의 꼭짓점을 볼 수 있습니다.

06 두 자리 수의 덧셈

step 3 개념 연결 문제   042~043쪽

1 (1) 31   (2) 25   (3) 27
2 1, 7, 1, 5, 7
3 (1) 65   (2) 129   (3) 125
     (4) 90   (5) 91   (6) 198
4 2, 73, 2, 71

step 4 도전 문제   043쪽

5 (위에서부터) 6, 2
6 183

1 예 낱개 10개를 묶는 방법은 달라질 수 있습
니다.
(1)
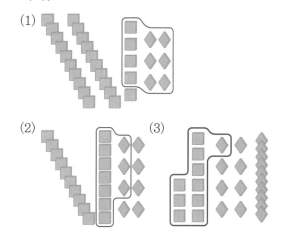
(2)   (3)

2 일 모형의 개수는 모두 17개입니다. 17개
에서 십 모형 1개가 만들어지고 일 모형 7개
가 남습니다. 십 모형 개수만큼 받아올림하
여 십의 자리 수에는 1을 적고 남은 일 모형
의 개수는 일의 자리 수에 적습니다. 받아올
림한 십 모형 1개를 원래 있던 3개와 1개에
더하면 십 모형 개수는 모두 5개입니다. 십
의 자리 수는 5입니다.
3 (1) 일의 자리 수 8과 7을 더하면 15이므로
받아올림합니다. 십의 자리 수 2와 3에
받아올림한 1을 더하면 6입니다.
(2) 일의 자리 수 5와 4를 더하면 9입니다.
십의 자리 수 5와 7을 더하면 12입니다.
십의 자리 수 10은 백의 자리 수 1로 받
아올림합니다.
(3) 일의 자리 수 7과 8을 더하면 15이므로
받아올림합니다. 십의 자리 수 6과 5에
받아올림한 1을 더하면 12입니다. 십의
자리 수 10은 백의 자리 수 1로 받아올
림합니다.

(4) 일의 자리 수 7과 3을 더하면 10이므로 받아올림합니다. 십의 자리 수 7과 1을 더하면 8이고, 받아올림한 1을 더하면 9입니다.

(5) 일의 자리 수 4와 7을 더하면 11이므로 받아올림합니다. 십의 자리 수 3과 5를 더하면 8이고, 받아올림한 1을 더하면 9입니다.

(6) 99는 100보다 1 작은 수입니다. 100보다 1 작은 수와 100보다 1 작은 수를 더하면 200보다 2 작은 수입니다.

4 28은 30보다 2 작은 수입니다. 따라서 28과 43의 합은 30과 43의 합인 73보다 2 작은 수입니다.

5 일의 자리 수끼리의 덧셈을 먼저 보면 8과 어떤 수를 더했더니 4가 나왔습니다. 8에 어떤 수를 더했을 때 4가 나올 수 없으므로 14가 되어 받아올림했다는 것을 알 수 있습니다. 8과 어떤 수를 더했을 때 14가 되려면 6을 더해야 합니다. 십의 자리 수끼리의 덧셈을 보면 4와 7을 더한 수에 받아올림한 1을 더해 주어 12가 됩니다. 십의 자리 수에서 받아올림한 수는 백의 자리에 적고, 남은 수는 2이므로 십의 자리 수는 2입니다.

6 두 수를 더했을 때 큰 수가 되려면 두 수가 모두 커야 합니다. 카드 네 장으로 가장 큰 두 자리 수를 만들기 위해서는 십의 자리에 가장 큰 수를 두어야 합니다. 일의 자리끼리, 십의 자리끼리 더할 것이기 때문에 순서는 중요하지 않습니다. 십의 자리에는 9와 8을, 일의 자리에는 7과 6을 넣습니다. 97+86 혹은 96+87을 계산하면 183입니다.

---

step **5** 수학 문해력 기르기	045쪽

1 ④　　　　　　　　**2** ②

3 ③

4 (식) 8+12+10=30　(답) 30대

5 (식) 18+14=32　(답) 32대

1 오케스트라는 클래식 음악을 연주하는 악기들의 모임입니다.

2 대부분 소리가 작은 악기를 앞에, 큰 악기를 뒤에 두어 음악을 듣는 사람들이 가장 아름답게 음악을 들을 수 있도록 합니다.

3 현악기에는 바이올린, 비올라, 첼로, 콘트라베이스가 있습니다.

4 비올라는 8대, 첼로는 12대, 콘트라베이스는 10대입니다. 8+12+10=30

5 제1 바이올린은 18대, 제2 바이올린은 14대입니다. 18+14=32

07 두 자리 수의 뺄셈

step **3** 개념 연결 문제	048~049쪽

1 15, 8, 8

2 2, 10, 2, 10, 8, 2, 10, 1, 8

3 (1) 13　(2) 8　(3) 9
　(4) 39　(5) 8　(6) 37

4 15, 4, 30, 4, 26

5 56에 ○표; 8

step **4** 도전 문제	049쪽

6 (위에서부터) 7, 1　**7** 10, 11, 12

1 (예) (1)　　　(2)

(3)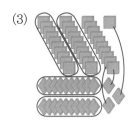

2 일 모형 5개에서 7개를 뺄 수 없으므로 십 모형 1개를 일 모형 10개로 바꿔 주는 받아내림을 합니다. 일 모형 15개에서 7개를 빼면 8개가 남습니다. 남은 십 모형 2개 중 1개를 빼면 1개가 남습니다.

4 45에서 19를 한 번에 빼는 것이 아니라 받아내림이 필요 없는 15를 먼저 빼고 4를 나중에 빼어 계산할 수 있습니다.

5 48은 50보다 2 작은 수입니다. 56에서 50을 빼면 56에서 48을 뺀 것보다 2를 더 빼 준 것이므로 2를 다시 더해 주면 $6+2=8$입니다.

6 일의 자리 수부터 살펴보면 1에서 어떤 수를 빼어 4가 나올 수 없습니다. 따라서 1이 아니라 받아내림을 한 11에서 어떤 수를 빼어 4가 나왔음을 알 수 있습니다. 11에서 어떤 수를 빼어 4가 나오려면 어떤 수는 7이어야 합니다. 일의 자리 빈칸에 들어갈 수는 7입니다. 받아내림을 생각하면 십의 자리 수는 $3-2$이므로 1입니다.

7 32에서 어떤 수를 빼어 19와 같으려면 어떤 수는 13입니다. 32에서 13보다 작은 수를 빼면 남은 수는 19보다 큽니다.
따라서 빈칸에 들어갈 수는 13보다 작은 수이고, 그중 두 자리 수는 10, 11, 12입니다.

step 5 수학 문해력 기르기   051쪽

1 ②
2 ④
3 4
4 노랑
5 (식) $35-27=8$ (답) 8개

1 블로커스 조각의 색깔은 노랑, 파랑, 초록, 빨강으로 4가지입니다.

2 모든 사람이 더 이상 조각을 놓을 수 없을 때, 남은 조각의 작은 사각형의 수가 가장 적게 남은 사람이 승리합니다.

3 게임 인원은 2명부터 4명까지 참여할 수 있습니다.

4 조각 수가 가장 적은 사람이 이깁니다. 27, 32, 33, 35 중 27이 가장 작은 수입니다.

5 사진에서 승리한 참가자의 조각 수는 27개, 남은 조각 수가 가장 많은 사람의 사각형은 35개입니다.

08 세 수의 덧셈과 뺄셈

step 3 개념 연결 문제   054~055쪽

1 38, 52, 52; 38, 38, 52
2 (1) 21   (2) 27   (3) 21   (4) 43
3 (1) $12+9=21$, $9+12=21$
    (2) $21-9=12$, $21-12=9$
4 (식) $18-11+2=9$ (답) 9개
5 (식) $80-64+12=28$ (답) 28명

step 4 도전 문제   055쪽

6 39   **7** 16, 28

4 꼬마김밥이 18개 있었고 가을이가 11개를 먹었으므로 18에서 11을 뺍니다. 그동안 어머니가 2개를 더 만들었으므로 2개를 더합니다.

5 기차에 80명이 타고 있었는데 64명이 내리고 12명이 탔으므로 80에서 64를 빼고 12를 더합니다.

6 원래 있던 책의 수는 책을 빌려 가기 전, 반납하기 전 책의 수입니다. 따라서 남은 47권

에 빌려 간 16권을 더하고, 반납한 24권을
빼면 47+16-24=39이므로 39권이 있
었습니다.

7 80에서 어떤 수를 뺀 다음 더했을 때 80보
다 12 큰 92가 나온다는 것은, 뺀 수보다 더
한 수가 12만큼 더 크다는 것을 말합니다. 따
라서 12 차이가 나는 수를 고르면 16과 28
입니다. 80이 92로 커졌으므로 빼는 수가
더 작은 16, 더하는 수가 더 큰 28입니다.

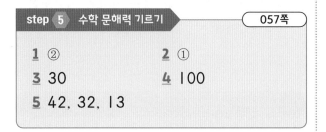

1 ②　　　　　　　　**2** ①
3 30　　　　　　　　**4** 100
5 42, 32, 13

1 숫자 마법의 단계를 모두 거치면 처음 떠올
린 수보다 1 큰 수가 나옵니다.

2 11~99의 수 중 원하는 수를 하나 떠올립니
다.

3 처음 떠올린 수에 30을 더해야 합니다.

4 숫자 마법의 단계를 모두 거치면 처음 떠올
린 수보다 1 큰 수가 나오므로 99보다 1 큰
수인 100이 나옵니다.

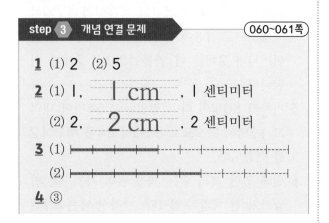

5 겨울
6 예

1 (1) 풀로 2번 세면 연필의 길이입니다.
　(2) 클립의 길이가 5번이면 연필의 길이와 같
　　습니다.

4 한 토막이 1 cm이므로 토막의 수가 가장 많
은 것이 가장 깁니다.

5 같은 길이를 잴 때 작은 단위로 재면 더 여러
번 세어야 합니다.

6 각 종이 자를 한 번씩만 사용하여 10 cm를
채워야 하므로 더했을 때 10칸이 될 수 있는
종이 자는 1 cm, 4 cm, 5 cm입니다.

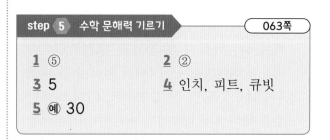

1 ⑤　　　　　　　　**2** ②
3 5　　　　　　　　**4** 인치, 피트, 큐빗
5 예 30

1 머리카락은 길이가 달라지기 때문에 기준이
되기 어렵습니다.

2 사람마다 몸의 크기와 길이가 다르고, 나라
마다 다른 단위를 사용하다 보니 소통에 어
려움이 있었습니다.

3 2인치는 약 5 cm입니다.

4 2인치는 약 5 cm, 1피트는 약 30 cm, 1
큐빗은 약 50 cm입니다.

5 2학년 아이들의 큐빗은 약 30 cm입니다.
사람마다 다르게 나올 수 있습니다.

| step **3** 개념 연결 문제 | 066~067쪽 |

1 세 번째에 ○표

2 (1) 18 (2) 11 (3) 4

3 (1) 5에 ○표 (2) 8에 ○표

| step **4** 도전 문제 | 067쪽 |

4 (위에서부터) 5, 6

5 여름

---

1 자로 길이를 잴 때에는 길이를 재기 시작하는 부분을 0에 맞추고, 지우개를 자의 선에 똑바로 대어 길이를 잽니다.

3 (1) 5 cm보다 조금 길지만 가장 가까운 수는 5입니다.

  (2) 8 cm보다 조금 짧지만 가장 가까운 수는 8입니다.

4 자에 1 cm 단위마다 표시가 되어 있기 때문에 5 cm 옆은 6 cm입니다. 자의 1 cm부터 6 cm까지의 길이이므로 5 cm입니다.

5 13 cm와 10 cm는 3 cm 차이이고 13 cm와 15 cm는 2 cm 차이이므로 여름이가 어림한 15 cm가 더 가깝습니다.

| step **5** 수학 문해력 기르기 | 069쪽 |

1 ④   **2** ①, ⑤

3 2   **4** 500

5 75

---

1 자동차, 자전거, 버스, 휠체어 등에는 바퀴가 달려 있습니다.

2 옛날 옛적 사람들은 바퀴를 움직일 때 쓰는 수레 같은 데에만 사용한 것뿐만이 아니라, 물레방아를 만들거나, 거리를 잴 때에도 바퀴를 사용했습니다.

3 100 cm가 2번이면 200 cm입니다.

4 100 cm가 5번이므로
100+100+100+100+100
=500(cm)

5 25 cm인 굴렁쇠가 3바퀴 구른 거리는 25를 3번 더한 거리입니다.
25+25+25=75(cm)

| step **3** 개념 연결 문제 | 072~073쪽 |

1 풀이 참조   **2** 풀이 참조

3 (1) 모양 (2) 색깔

| step **4** 도전 문제 | 073쪽 |

4 풀이 참조

1

0개	2개	4개
③, ⑦, ⑬	②, ⑤, ⑨, ⑪	①, ④, ⑥, ⑧, ⑩, ⑫, ⑭, ⑮

2

⬜ 모양	🛢 모양	⚫ 모양
④, ⑧, ⑩, ⑫	①, ③, ⑥, ⑦, ⑬, ⑭	②, ⑤, ⑨, ⑪, ⑮

3 (1) 동그라미, 세모, 네모로 모양에 따라 분류했습니다.

  (2) 하늘색, 보라색, 초록색, 주황색으로 색깔에 따라 분류했습니다.

4 예 분류 기준: 마시는 것과 마시지 않는 것

마시는 것	마시지 않는 것
바나나우유, 오렌지주스, 사이다, 물	복숭아, 자두, 파, 양파, 마늘, 돼지고기, 닭고기, 김치, 나물, 어묵 볶음, 케첩, 마요네즈

1 ⑤   **2** ②

3 ②   **4** 풀이 참조

1 한 번 나무를 심어 여러 해 동안 열매를 얻을
수 있을 때, 그 열매를 '과일'이라고 합니다.

2 매년 심어야 하는 참외는 채소입니다.

3 토마토, 수박, 호박, 참외는 채소로 분류할
수 있습니다.

4 분류 기준: 한 번 심을 때 열매를 얻는 횟수

한 번: 채소	여러 번: 과일
호박, 참외, 당근, 무, 상추, 토마토, 시금치	사과, 배, 귤, 포도, 복숭아, 대추, 밤, 호두

---

12 기준에 따라 분류하여 세기

1 풀이 참조   **2** 풀이 참조

3 풀이 참조

1 예 분류 기준: 사용하는 용도

	요리할 때	먹을 때
세면서 표시하기	卌	卌 卌
개수	5	7

요리할 때 사용하는 물건: 칼, 냄비, 국자, 프
라이팬, 주전자 (5개)

먹을 때 사용하는 물건: 국그릇, 숟가락, 젓
가락, 밥그릇, 포크, 샐러드 볼, 접시 (7개)
이 외에 다양한 기준과 분류가 가능합니다.

2 (1)

	그리기에 필요한 물건	만들기에 필요한 물건
세면서 표시하기	卌 卌	卌
개수	8	4

그리기에 필요한 물건: 연필, 지우개, 자,
붓, 사인펜, 색연필, 물감, 볼펜 (8개)
만들기에 필요한 물건: 풀, 색종이, 가위,
테이프 (4개)
이 외에 다양한 기준과 분류가 가능합니다.

(2) 색깔이 나오는 물건, 색깔이 나오지 않는
물건 등 다양한 기준이 있습니다.

3 (1) 예 분류 기준: 모양

	세모	네모	동그라미
세면서 표시하기	卌	卌 卌	卌
개수	5	9	6

(2) 예 분류 기준: 색깔

	빨강	노랑	초록	파랑
세면서 표시하기	卌	卌	卌	卌
개수	5	6	5	4

1 ③   **2** ②

3 종이, 페트병, 캔, 유리

4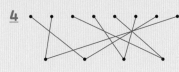

1 쓰레기를 분류하여 버린다면, 재활용되어 우
리 주변의 새로운 물건으로 돌아옵니다.

2 종이를 재활용하면 새 공책, 재생 종이를 만들 수 있습니다.

13 여러 가지 방법으로 세기

step 3 개념 연결 문제
084~085쪽

1 6, 8, 10
2 (1) 9, 12 (2) 8, 12
3 10, 20, 30, 40, 50, 60
4 5, 3   **5** 8, 5, 40

step 4 도전 문제
085쪽

6 (1) 15, 30 (2) 10, 30
  (3) 6, 30 (4) 5, 30 (5) 3, 30
7 예 2, 9, 18

2 (1) 3개씩 묶어 세기를 하면 3씩 뛰어 세기를 한 수와 같습니다.
  (2) 4개씩 묶어 세기를 하면 4씩 뛰어 세기를 한 수와 같습니다.
3 10씩 묶어 세기를 하면 십의 자리 수가 1씩 커집니다.
4 당근이 5씩 3묶음 있습니다. 모두 15개입니다.
5 피자가 8조각씩 5판 있습니다. 8씩 5묶음은 40입니다.
7 예 2씩 묶어 세면 9묶음이고 18개입니다. 3씩 묶어 세면 6묶음이고 18개입니다.

step 5 수학 문해력 기르기
087쪽

1 ④   **2** ①, ③
3 5   **4** 풀이 참조
5 풀이 참조

---

1 나무 막대나 도구를 이용해 막대 선을 바닥, 동굴 벽에 그려 수를 세었습니다.
2 이 외에도 正는 5를 나타냅니다.
3 5씩 하나의 묶음을 만들어 수를 세었습니다.
4

막대 선	사각형 모양	한자
𝍷𝍷𝍷 𝍷𝍷𝍷	▨ ▨	正 正

5 예 ◻-◻◻-◻◻◻-◻◻◻◻

14 2의 몇 배

step 3 개념 연결 문제
090~091쪽

1 (1) 3, 2, 6 (2) 4, 2, 8 (3) 5, 2, 10
2 5   **3** 2, 2, 6, 6, 12
4 6

step 4 도전 문제
091쪽

5 2+2+2+2+2
6 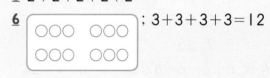 ; 3+3+3+3=12

1 (1) 3씩 2묶음은 6입니다.
  (2) 4씩 2묶음은 8입니다.
  (3) 5씩 2묶음은 10입니다.
2 20은 4의 5배입니다.
3 6씩 2묶음은 6을 2번 더한 것입니다.
4 3씩 6묶음이면 18입니다. 겨울이의 딱지 개수는 봄이의 딱지 개수의 6배입니다.
5 일 모형 2개씩 5묶음이면 10입니다.
6 3씩 4묶음이면 3의 4배입니다.

1 2, 3, 5   2 ②
3 2   4 6
5 예 5, 20

3 1의 2배는 1씩 2묶음이므로 2입니다.
4 2씩 3묶음이면 6입니다. 2의 3배는 6입니다.
5 누른 버튼에 따라 2배 → 8개, 3배 → 12개,
  5배 → 20개로 달라질 수 있습니다.

15 곱셈식으로 나타내기

1 (1) 4, 4, 4, 4, 16   (2) 4, 4, 16
2 (1) 4, 4, 4, 4, 4, 4, 24
  (2) 4, 6, 24
3 (1) 3, 3, 3, 9, 3, 3, 9
  (2) 2, 2, 2, 2, 2, 10, 2, 5, 10
  (3) 5, 5, 5, 5, 5, 5, 5, 35,
      5, 7, 35
4 (1) 6+6+6+6=24   (2) 6×4=24

5 풀이 참조   6 24

2 (1) 고양이 한 마리에 4개의 다리가 있습니다.
     고양이는 6마리이므로 4를 6번 더할 수
     있습니다.
5 2씩 10묶음 → 2×10=20,
  4씩 5묶음 → 4×5=20,
  5씩 4묶음 → 5×4=20,
  10씩 2묶음 → 10×2=20 등 다양한 답이
  나올 수 있습니다.
6 고양이가 별을 가리고 있지만 별이 규칙적으

로 놓여 있습니다. 고양이 위에 있는 별을 보
면 옆으로 6개씩, 밑으로 4줄로 별이 놓여
있으므로 고양이에게 가려진 별을 세어보지
않아도 6개씩 4줄이고 모두 24개입니다.

1 ③
2 6+6+6+6+6=30
3 6×5=30   4 예 5, 4, 20
5 예 5×4=20

1 우리는 규칙을 통해 보이지 않는 것을 볼 수
  있습니다.
2 도넛이 한 상자에 6개씩 들어 있고 5상자이
  므로 6씩 5묶음입니다.
5 4씩 5묶음, 2씩 10묶음, 10씩 2묶음의 방
  식으로도 곱셈식으로 나타낼 수 있습니다.